Leitfäden der angewandten Informatik

K. Bauknecht / C. A. Zehnder
Grundzüge der Datenverarbeitung
Methoden und Konzepte für die Anwendungen
286 Seiten. Kart. DM 24,80

H. Hultzsch
Prozeßdatenverarbeitung
216 Seiten. Kart. DM 22,80

H. Kästner
Architektur und Organisation digitaler Rechenanlagen
224 Seiten. Kart. DM 22,80

V. Schmidt et al.
Digitalschaltungen mit Mikroprozessoren
2. Aufl. 208 Seiten. Kart. DM 23,80

H. J. Schneider
Problemorientierte Programmiersprachen
226 Seiten. Kart. DM 23,80

F. Singer
Programmieren in der Praxis
176 Seiten. Kart. DM 18,80

F. Wingert
Medizinische Informatik
272 Seiten. Kart. DM 21,80

In Vorbereitung:

G. Lausen / G. Schlageter / W. Stucky
Datenbanksysteme: Eine Einführung

Preisänderungen vorbehalten

 Springer Fachmedien Wiesbaden GmbH

Leitfäden der angewandten Informatik

V. Schmidt et al.
Digitalschaltungen
mit Mikroprozessoren

Leitfäden der angewandten Informatik

Herausgegeben von

Prof. Dr. L. Richter, Dortmund
Prof. Dr. W. Stucky, Karlsruhe

Die Bände dieser Reihe sind allen Methoden und Ergebnissen der Informatik gewidmet, die für die praktische Anwendung von Bedeutung sind. Besonderer Wert wird dabei auf die Darstellung dieser Methoden und Ergebnisse in einer allgemein verständlichen, dennoch exakten und präzisen Form gelegt. Die Reihe soll einerseits dem Fachmann eines anderen Gebietes, der sich mit Problemen der Datenverarbeitung beschäftigen muß, selbst aber keine Fachinformatik-Ausbildung besitzt, das für seine Praxis relevante Informatikwissen vermitteln; andererseits soll dem Informatiker, der auf einem dieser Anwendungsgebiete tätig werden will, ein Überblick über die Anwendungen der Informatikmethoden in diesem Gebiet gegeben werden. Für Praktiker, wie Programmierer, Systemanalytiker, Organisatoren und andere, stellen die Bände Hilfsmittel zur Lösung von Problemen der täglichen Praxis bereit; darüber hinaus sind die Veröffentlichungen zur Weiterbildung gedacht.

Digitalschaltungen mit Mikroprozessoren

Von Dr. rer. nat. Volker Schmidt
Dipl.-Ing. Dietbert Kollbach
Dipl.-Ing. Hans-Georg Metzler
Dr.-Ing. Heiko Pangritz
Dipl.-Ing. Bernd Uhlmann

2., durchgesehene Auflage
Mit 97 Bildern und 12 Tabellen

Springer Fachmedien Wiesbaden GmbH

Dr. rer. nat. Volker Schmidt
1944 geboren; 1963 bis 1970 Studium der Physik in Saarbrücken; 1970 bis 1974 wissenschaftlicher Mitarbeiter im Fachbereich Angewandte Mathematik und Informatik der Universität des Saarlandes; von 1974 bis 1978 wissenschaftlicher Mitarbeiter des Hahn-Meitner-Instituts für Kernforschung (HMI) Berlin; seit 1978 wissenschaftlicher Mitarbeiter des europäischen Kernfusionsexperiments JET (Joint European Torus) in Abingdon, Oxfordshire, Großbritannien.

Dipl.-Ing. Dietbert Kollbach
1943 geboren; von 1962 bis 1969 Studium der Nachrichtentechnik an der Technischen Universität Berlin; seit 1970 wissenschaftlicher Mitarbeiter des HMI.

Dipl.-Ing. Hans-Georg Metzler
1947 geboren, Studium der Elektrotechnik an der Ingenieurschule Ulm und an der Technischen Universität Berlin; von 1974 bis 1978 wissenschaftlicher Mitarbeiter des HMI; seit 1978 Mitarbeiter im Forschungsbereich der Daimler-Benz AG, Stuttgart.

Dr.-Ing. Heiko Pangritz
1937 geboren; Studium der Nachrichtentechnik an der Technischen Universität Berlin; seit 1965 wissenschaftilcher Mitarbeiter des HMI; seit 1973 Leiter der Projektgruppe „Prozeßdatenverarbeitung in der Medizin" im HMI.

Dipl.-Ing. Bernd Uhlmann
1946 geboren, 1965 bis 1968 Studium (Meß- und Regelungstechnik) an der Ingenieurschule in Berlin; bis 1970 Prüfung und Entwicklung von Fernsehsendern bei SEL; 1970 bis 1974 Studium der Elektrotechnik an der Technischen Universität Berlin; von 1974 bis 1979 wissenschaftlicher Mitarbeiter des HMI; seit 1979 angestellt bei SESA Deutschland GmbH, Frankfurt/M.

Die Autoren sind bzw. waren Mitarbeiter einer Projektgruppe innerhalb des Bereichs Datenverarbeitung und Elektronik des Hahn-Meitner-Instituts für Kernforschung Berlin GmbH. Diese Gruppe befaßt sich mit Prozeßdatenverarbeitung in der Medizin und hat bisher mehrere vom BMFT geförderte Vorhaben auf diesem Gebiet durchgeführt. Der vorliegende Text ist ein „Nebenprodukt" dieser Arbeiten, bei denen Mikroprozessoren in größerem Umfang zum Einsatz kommen.

CIP-Kurztitelaufnahme der Deutschen Bibliothek

Digitalschaltungen mit Mikroprozessoren / von
Volker Schmidt . . . — 2., durchges. Aufl. —
Stuttgart : Teubner, 1981.
 (Leitfäden der angewandten Informatik)
 ISBN 978-3-519-02452-1   ISBN 978-3-663-05765-9 (eBook)
 DOI 10.1007/978-3-663-05765-9

NE: Schmidt, Volker [Mitverf.]

Umschlaggestaltung: W. Koch, Sindelfingen

Vorwort zur ersten Auflage

Dieses Buch entstand aus den Erfahrungen, die die Autoren beim Einsatz von Mikroprozessoren in der rechnergesteuerten Meßwerterfassung und -verarbeitung gemacht haben. Ziel des Buches ist es, Lesern, die mit der ´normalen´ Digitalelektronik vertraut sind, möglichst praxisorientiert den Einstieg in die Anwendung von Mikroprozessoren in komplexen Digitalschaltungen zu ermöglichen. Das Buch erhebt keineswegs den Anspruch, sehr systematisch oder gar vollständig das Gebiet ´Mikroprozessoren´ zu behandeln; vielmehr haben sich die Autoren bemüht, anhand einiger Beispiele einen Einblick in das Gebiet zu geben. Der Leser sollte nach der Lektüre des Buches in der Lage sein, unter Heranziehung von Hersteller-Datenblättern eigene Entwürfe zu realisieren. In diesem Zusammenhang ist zu bemerken, daß auf die technologische Seite - wie z.B. Herstellungsprozesse - bewußt nicht eingegangen wird. Dieses Buch ist einerseits eine Art zweiter Band des Buches ´Digitalelektronisches Praktikum´ /1/, indem ungefähr die Kenntnis dieses Buches beim Leser vorausgesetzt wird. Andererseits ist der Grundgedanke deutlich entgegengesetzt: Im ´Digitalelektronischen Praktikum´ war ein wesentliches Ziel, digitale Schaltungen zu entwerfen, die eine möglichst kleine Zahl von logischen Gattern und Flipflops enthielten. Demgegenüber ist aufgrund der Verfügbarkeit von Bausteinen hoher und sehr hoher Integrationsdichte das Minimisierungskriterium verschoben worden: Ziel des Hardware-Entwurfs ist es, mit möglichst wenigen, aber sehr komplexen Standard-Bauelementen auszukommen, und die Strukturierung für die Anwendung möglichst weitgehend in die ´Programmierung´ im weiteren Sinne zu verlegen.

Der Aufbau des Buches ist gewissermaßen zweigleisig: Zum einen wird eine Reihe von Bauelementen beschrieben, die häufig in Mikroprozessor-gesteuerten Schaltungen verwendet werden (RAM, FIFO, (P)ROM, (F)PLA), zum anderen soll der Leser aufgrund der Lektüre des Buches das ´Innenleben´ eines Mikroprozessors verstehen können. Aus diesem Grund werden zunächst in den Kapiteln 1 und 2 einige Funktionskomponenten von Mikroprozessoren beschrieben (RAM, ROM, PLA, ALU); anschließend wird darauf aufbauend in Kapitel 3 der Begriff des Mikroprozessors eingeführt. Ferner wird eine Reihe von grundlegenden Konzepten (Hard- und Software) dargestellt, die für den Einsatz von Mikroprozessoren von Bedeutung sind. In Kapitel 4 wird zunächst ausführlich über Bit-Slice-Prozessoren berichtet. Dieser Abschnitt ist gleichzeitig sowohl Beschreibung des Bauelementes ´Slice-Processor´ und seines Einsatzes, als auch Erläuterung des prinzipiellen Aufbaus einer

Zentraleinheit. In Kapitel 5 folgt die Beschreibung eines typischen One-Chip-Mikroprozessors; dabei wird ausführlich auf das Bus-Konzept und auf Ein/Ausgabe-Bausteine eingegangen. Kapitel 6 befaßt sich mit der Programmierung von Mikroprozessoren, wobei vor allem auf die Aspekte der Programmierung Wert gelegt wird, in denen sich Mikroprozessoren von ´normalen´ Rechnern unterscheiden. Kapitel 7 behandelt den Test von Schaltungen, die Mikroprozessoren enthalten. Im letzten Kapitel wird dann eine komplette Schaltung für den Parallel-Betrieb von 8 Strich-Code-Lesestiften beschrieben, die auf einem One-Chip-Prozessor basiert.

An dieser Stelle möchten wir den Leser um Verständnis für das amerikanisch-deutsche Kauderwelsch bitten, das an vielen Stellen auftaucht. Uns erschien es nicht sinnvoll, alle amerikanischen Fachausdrücke zu übersetzen; es wären in vielen Fällen Eigenbau-Wörter geworden, die der Leser nirgendwo sonst finden würde. Weiter möchten wir darauf hinweisen, daß wir bewußt die Schaltsymbole der alten DIN-Norm 14700, Blatt 14, verwendet haben. Die Symbolik der seit Sommer ´76 gültigen neuen Fassung unterscheidet sich ganz wesentlich davon. Wir glauben jedoch, daß die alten Symbole den meisten Lesern vertraut sein werden und daher keine zusätzlichen Verständnis-Schwierigkeiten entstehen werden.

Wir möchten an dieser Stelle allen danken, die zum Zustandekommen dieses Textes beigetragen haben; unser Dank gilt insbesondere Frau R. Metzler für das Schreiben des Textes (auf einem Mikroprozessor-gesteuerten Textverarbeitungsgerät) und Frau D. Seidlitz für die Herstellung der Zeichnungen.

Berlin, im Februar 1978   Die Autoren

Vorwort zur zweiten Auflage

Die vorliegende zweite Auflage unterscheidet sich inhaltlich nicht von der ersten. Es wurden lediglich Druckfehler berichtigt und einige Textverbesserungen durchgeführt.

Berlin, im Dezember 1980   Die Autoren

Inhalt

0 Einführung

Innerhalb weniger Jahre hat sich die Technologie zur Herstellung integrierter Halbleiterbauelemente so verbessert, daß Large Scale Integration (LSI)-Schaltkreise mit einigen Tausend Gatterfunktionen auf einem Chip von wenigen Quadratmillimetern Oberfläche hergestellt werden können. Diese technische Entwicklung stellt den Entwickler einer digitalen elektronischen Schaltung vor eine völlig neue Situation: War es bisher das Ziel, für eine gegebene Aufgabenstellung eine Schaltung mit einer möglichst geringen Zahl an Gattern und Flipflops zu entwerfen, so geht es heute darum, vorgegebene komplexe Hardware-Strukturen durch geeignete Programmierung (im weitesten Sinne) zur Lösung der Aufgabe einsetzbar zu machen. Die so gefundenen Lösungen werden in den meisten Fällen die Möglichkeiten der verwendeten Bauelemente bei weitem nicht ausschöpfen - also insofern nicht optimal sein - aber sie werden den Vorteil aufweisen, mit wenigen Standard-Bauelementen realisierbar zu sein.

Konsequentes Ergebnis dieser Entwicklung sind die Mikroprozessoren, d.h. Halbleiter-Bauelemente, die die Funktionen einer Prozeßrechner-Zentraleinheit in wenigen - oder gar einem - Halbleiter-Bauelement zusammenfassen. Die ersten, etwa 1970/71 produzierten Mikroprozessoren waren zunächst verhältnismäßig einfache Bauelemente mit einer Datenwortbreite von 4 Bit und Befehlsausführungszeiten von etwa 20 μs. Die Entwicklung ist seither in zwei Richtungen fortgeschritten: Zum einen in Richtung auf sehr schnelle bipolare Prozessor-Bauelemente (Bit-Slice-Prozessor, Befehlsausführungszeiten unter 1 μs) und zum anderen zu höchstintegrierten One-Chip-Prozessoren (Datenwortbreite 8 oder 16 Bit, typische Befehlsausführungszeiten etwa 2-20 μs).

Bit-Slice-Prozessoren stellen im engeren Sinn keine kompletten Mikroprozessoren dar. Es handelt sich vielmehr um Sätze von Bauelementen (2- oder 4-Bit-Rechenwerk-´Scheiben´, Mikroprogramm-Ablaufsteuerungen u.a.), aus denen der Anwender zusammen mit Speicherbausteinen und einigen einfacheren Standard-Bauelementen eine Zentraleinheit mit beliebiger Wortlänge aufbauen kann. Eine solche Zentraleinheit besteht dann aus 20 bis 40 Bauelementen.

Bit-Slice-Prozessoren werden in bipolarer Technik hergestellt (ECL oder Schottky-TTL) und werden eingesetzt für Anwendungen, bei denen Mikroprogrammierbarkeit, große Wortlängen oder hohe Verarbeitungsgeschwindigkeit erforderlich sind.

One-Chip-Prozessoren umfassen eine komplette 8- oder 16-Bit-Zentraleinheit in einem Bauelement. Sie werden fast alle in NMOS-Technik hergestellt und haben alle einen festen Befehlsvorrat. Ihre Verarbeitungsgeschwindigkeit ist geringer als die der bipolaren Prozessoren. Minimale funktionsfähige Systeme, d.h. also mit Programmspeicher, Datenspeicher und Ein/Ausgabe-Nahtstelle, lassen sich mit 3 Chips realisieren. Darüber hinaus sind schon echte Ein-Chip-Systeme verfügbar, bei denen die oben genannten Komponenten alle auf einem Chip untergebracht sind.

Die Einsatzmöglichkeiten für Mikroprozessoren in einer Liste zusammenzustellen ist nicht möglich, jedoch lassen sich zwei deutlich unterschiedliche Einsatzbereiche beschreiben:

- Mikroprozessoren als Ersatz komplexer Hardware; z.B. intelligente Druckersteuerungen, Geräte-Interfaces, Display-Ansteuerungen, Rechnerkopplungen. Bei diesen Anwendungsfällen hat der Mikroprozessor im allgemeinen ein festes Programm, das in einem Festwertspeicher enthalten ist.

- Mikroprozessoren als Zentraleinheit von Prozeßrechnern. In diesem Fall besteht der frei programmierbare Rechner aus einem oder mehreren Mikroprozessoren und verfügt über die übliche Standardperipherie. Lediglich Start-Routine und Ur-Lade-Programme sind in diesem Fall in Festwertspeichern abgelegt, normale Anwenderprogramme werden zur Bearbeitung in Schreib/Lese-Speichern gehalten.

1.   <u>Schreib/Lese-Speicher</u>

In diesem Abschnitt sollen zwei Arten von Schreib-Lese-Speichern,
die als Halbleiter-Bauelemente verfügbar sind, beschrieben werden: Random Access Memories (RAM, Speicher mit wahlfreiem Zugriff) und spezielle asynchrone Schieberegister: First-in-first-
out-Speicher (FIFO-Speicher).

RAM´s werden in Mikroprozessor-Systemen typisch als Datenspeicher, als Zwischenspeicher oder auch als Programmspeicher eingesetzt; FIFO-Speicher werden bei der Datenübertragung zwischen
zueinander asynchronen Systemen als Datenpuffer eingesetzt.

1.1   <u>Random Access Memories (RAM´s)</u>

Halbleiterspeicher mit wahlfreiem Zugriff (RAM´s) werden aufgebaut aus integrierten Schaltkreisen (IC´s), die selbst bereits
als RAM´s organisiert sind. Die in einem IC realisierte Speichergröße beträgt z.Zt.(1980) bis zu 64K Bit. Die verschiedenen Spei-
cher-Bauelemente unterscheiden sich hinsichtlich
- Größe: Anzahl der Bits
- Organisation: Wortlänge/Anzahl der Worte
- Zugriffszeit
- technischer Realisierung: statisch/dynamisch,
                       Herstellungsprozeß,
                       Spannungsversorgung.

Für Mikroprozessoranwendungen gibt es drei typische Gruppen:
- Statische Speicherbausteine in MOS-Technik mit Zugriffszeiten
  um 500 ns und Größen bis 16K Bit/IC
- Dynamische Speicherbausteine in MOS-Technik mit meist geringe-
  ren Zugriffszeiten und Größen bis 64K Bit/IC
- Statische Speicherchips in bipolarer Technik mit Zugriffszeiten
  unter 100 ns und Größen bis 1K Bit/IC

Statische Speicher halten die eingeschriebene Information so lange wie die Versorgungsspannung anliegt. Dynamische Speicher benötigen darüber hinaus in gewissen Zeitabständen Refresh-Impulse,

damit die Information nicht verloren geht, d.h. Speicher, die aus dynamischen RAM-Chips aufgebaut sind, benötigen neben den eigentlichen Speicher-Bausteinen zusätzliche Schaltungen zur Erzeugung der Refresh-Impulse.

1.1.1 <u>Statische RAM´s</u>

Bei der Auswahl eines statischen RAM-Bausteins spielen folgende Gesichtspunkte eine Rolle:

- Speicherkapazität   - z.Zt. max. 16K Bit bei MOS-Speichern
                     max. 1K Bit bei Bipolar-Speichern
- Speicherorganisation - gängige Strukturen
               bei 1K Bit-Speichern:
                     1024 Worte zu je 1 Bit
                     256 Worte zu je 4 Bit
                     seltener 128 Worte zu je 8 Bit
               bei 4K Bit-Speichern:
                     4K Worte zu je 1 Bit
                     1K Worte zu je 4 Bit
- Geschwindigkeit   - Zugriffszeiten > 200 ns bei
                     MOS-Speichern
                     < 100 ns bei
                     Bipolar-Speichern
- Leistungsverbrauch   - etwa 50 nW/Bit bei CMOS-Speichern
                 etwa 0,1...0,2 mW/Bit bei MOS-Speichern
                 etwa 0,2...0,5 mW/Bit bei Bipolar-
                             Speichern
- Anzahl der Versorgungsspannungen
                - Statische RAM´s mit nur einer Ver-
                  sorgungsspannung (+ 5V) sind üblich

<u>Beispiel:</u>
<u>RAM-Speichermatrix aus statischen Speicherbausteinen</u>

In diesem Beispiel wird ein statischer 4K-RAM-Baustein zunächst beschrieben, und dann wird mit diesem Baustein eine Speichermatrix mit 4K Worten zu je 8 Bit aufgebaut.

Bild 1 gibt das Blockschaltbild eines Speicherbausteins des Typs 2114 (Intel) wieder. Der Chip enthält 1K Worte zu je 4 Bit. Es handelt sich um einen in NMOS-Technik aufgebauten Speicherbaustein mit bidirektionalen Ein/Ausgängen in 3-State-Technik*. Alle Anschlüsse sind unmittelbar TTL-kompatibel, der Baustein benötigt nur eine +5V-Versorgungsspannung und ist in einem 18-Pin-Gehäuse untergebracht.

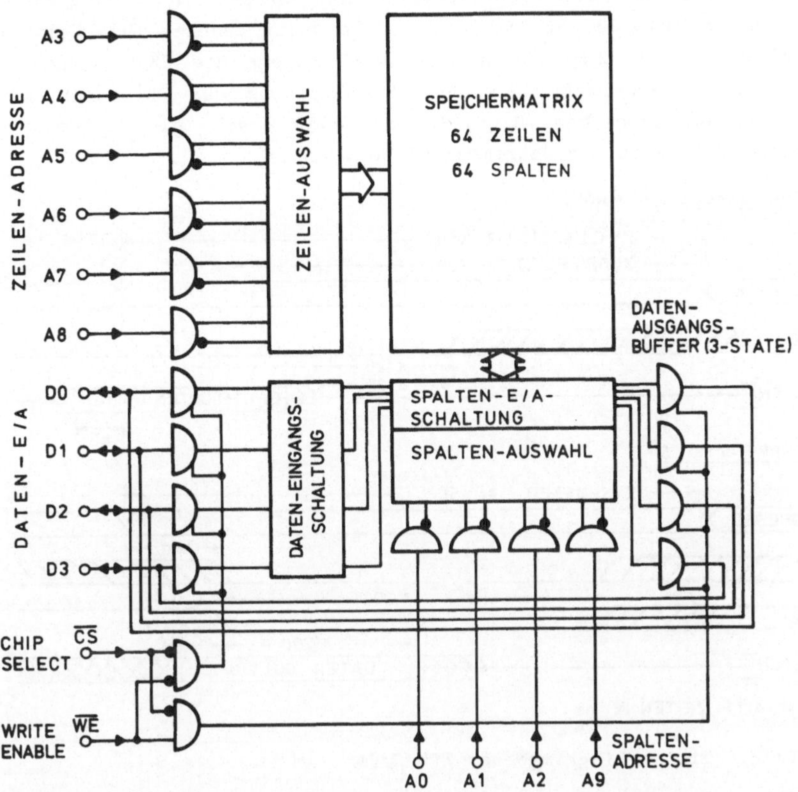

Bild 1: Blockschaltbild des statischen 4K-Bit-RAM 2114

---

* In /2/ findet sich eine ausführliche Darstellung dieser Technik

Den Kern des Bausteins stellt eine in 4 Bereiche aufgeteilte 64 x 64 Zellen umfassende statische Speichermatrix dar. Auf dem Chip befinden sich 2 Decoder: Der Zeilendecoder wählt eine der 64 Zeilen aus (Decodierung von 6 Adreßleitungen). Der Spaltendecoder wählt zu jeder Kombination der anliegenden 4 Adreßleitungen gleichzeitig genau 4 Spalten der Matrix entsprechend den 4 Bit an. Die Schreib-Verstärker und die Lese-Verstärker (die Lese-Verstärker sind 3-State-Treiber) werden in Abhängigkeit von einer Chip Select- ($\overline{CS}$) und einer Write Enable- ($\overline{WE}$) Leitung gesteuert. Der Chip ist nur angewählt, wenn die $\overline{CS}$-Leitung Low ist. $\overline{WE}$ entscheidet dann über die Richtung des Datentransfers ($\overline{WE}$ = Low: Schreiben, High: Lesen). Bild 2 gibt die Timing-Diagramme für Lesen und Schreiben wieder.

LESE-ZYKLUS ($\overline{WE}$ = HIGH)

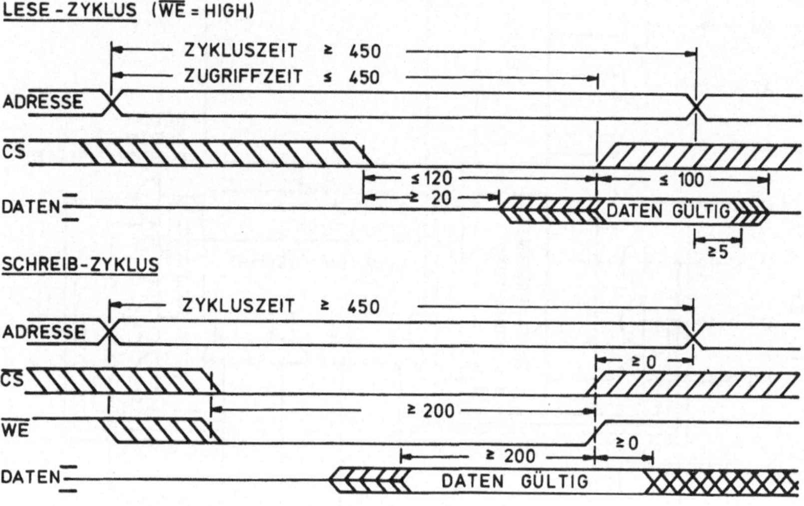

Bild 2: Timing-Diagramme des RAM 2114

Erläuterung zu den Bildern 1 und 2:
Solange $\overline{WE}$ (Write Enable) oder $\overline{CS}$ (Chip Select) auf High liegt, sind die Schreibverstärker gesperrt; nur wenn beide Signale Low sind, kann der Inhalt der Speicherzellen geändert werden. Beim Lesen und Schreiben müssen die Adressen über den gesamten Zyklus

statisch sein, da dieser Chip nicht über eingebaute Adreßregister verfügt. Die Daten müssen (beim Schreiben) nicht über den
ganzen Zyklus statisch anliegen, sie müssen nur 200 ns vor dem
Ende des Schreib-Signals ($\overline{WE}$ Low) statisch sein (´Data to Write
Time Overlap´).

Bild 3 zeigt eine Speichermatrix mit 4K Worten zu je 8 Bit (´By-
tes´), aufgebaut aus 8 Bausteinen des Typs 2114. Der Speicher
ist Bus-orientiert, d.h. alle Datenleitungen führen auf einen
8 Bit ´breiten´ bidirektionalen Daten-Bus (siehe 3.3). Alle Datenleitungen sind über die in den Bausteinen enthaltenen 3-State-
Buffer auf diesen Bus zu schalten. Die Ansteuerschaltung decodiert die höherwertigen Adreßbits A11 und A10 und steuert die
Chip-Select-Leitungen so, daß immer genau zwei Bausteine aktiv
sind. In die Datenleitungen sind bidirektionale 3-State-Buffer
eingebaut, um die elektrische Belastung des Datenbus zu redu-
zieren.

1.1.2 <u>Dynamische RAM´s</u>

Bei dynamischen RAM´s spielt neben den auch für statische RAM´s
wichtigen Gesichtspunkten vor allem der Aufwand, der für die
Refresh-Schaltung getrieben werden muß, eine erhebliche Rolle.
Dieser Schaltungsaufwand ist für verschiedene Chips sehr unterschiedlich. Kennwerte heutiger dynamischer RAM-Chips sind:

    Speicherkapazität: max. 64K Bit
    Organisation: Wortbreite 1 Bit
    Geschwindigkeit: Zugriffszeiten > 150 ns
    Leistungsverbrauch: $< 0,1$ mW/Bit
    Die Anzahl der Versorgungsspannungen ist typisch 3
                            ($\pm$ 5V, + 12V)

<u>Beispiel</u>:
<u>RAM-Matrix aus dynamischen Speicherelementen</u>

In diesem Beispiel wird zunächst ein typischer dynamischer 4K-
RAM-Baustein beschrieben und dann aus 8 Bausteinen dieses Typs
eine Speichermatrix mit 4K Worten zu je 8 Bit aufgebaut.

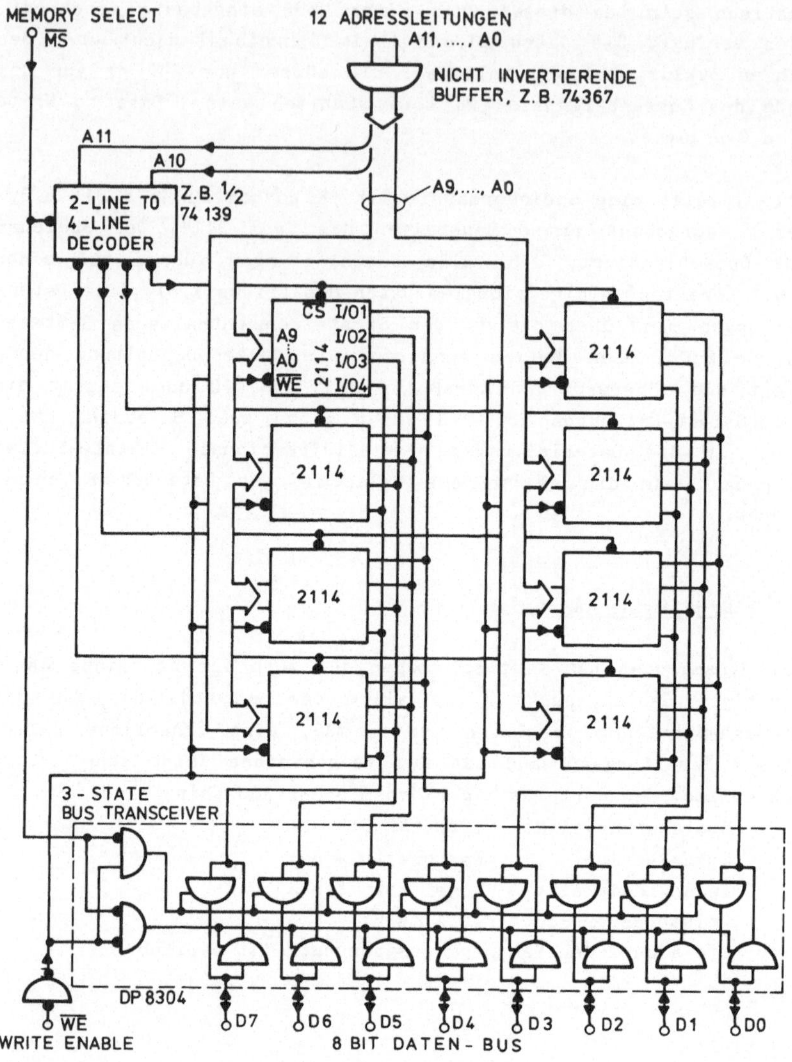

Bild 3: Statische 4K-Bytes-Speichermatrix

Bild 4 gibt das Blockschaltbild eines dynamischen Speicherbausteins des Typs MK 4096 (Mostek) wieder. Der Chip enthält 4K Bit; diese sind alle einzeln adressierbar (Organisation: 4096 x 1). Es handelt sich um einen in NMOS-Technik aufgebauten Speicherbaustein mit getrenntem Daten-Eingang und -Ausgang. Alle Anschlüsse sind unmittelbar TTL-kompatibel, der Baustein benötigt drei Versorgungsspannungen (+ 12V, ± 5V) und ist in einem 16-Pin-Gehäuse untergebracht. Das wichtigste Strukturmerkmal dieses Bausteins ist die 2-Phasen-Adressierung. Der Chip verfügt über 6 Adreßeingänge (bezeichnet mit ´A5/A11´,...,´A0/A6´); über diese Eingänge

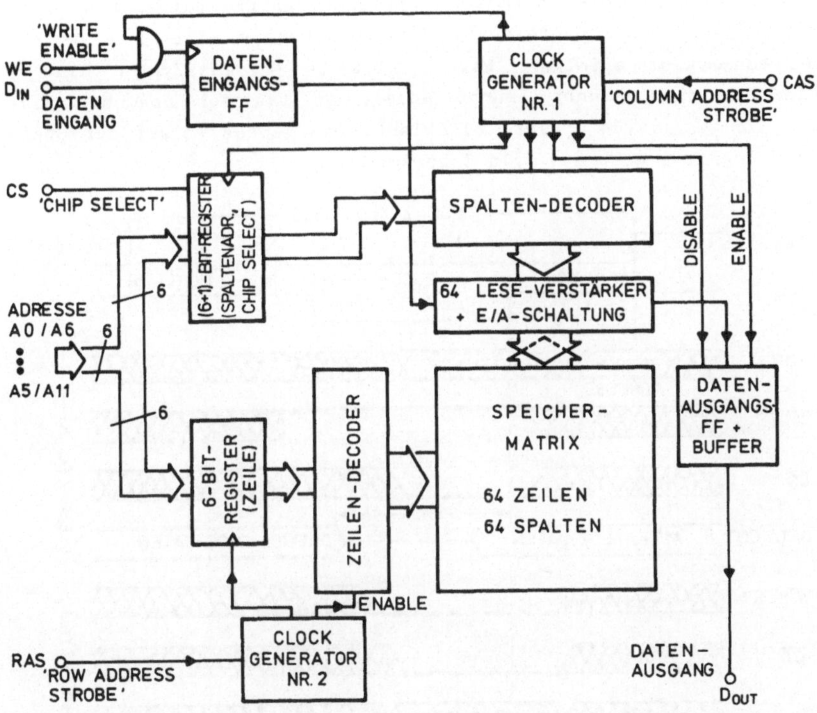

Bild 4:   Block-Diagramm des dynamischen 4K-RAM MK 4096

wird zuerst die ´Zeilen´-Adresse (A5,..., A0) in das Zeilen-Adreß-Register übernommen, anschließend wird die ´Spalten´-Adresse (A11,..., A6) in das Spalten-Adreß-Register übernommen.

Der Refresh erfolgt bei diesem Baustein so, daß mindestens alle 2.0 ms jede Zeile der Speichermatrix (d.h. jede Kombination der Adressen A5,..., A0 bei beliebigen A11,..., A6) einmal angesteuert wird. Als Refresh-Zyklus kann sowohl ein Lese- als auch ein Schreibzyklus benutzt werden; dabei muß im Fall eines Schreibzyklus das Signal $\overline{CS}$ (Chip Select) auf H sein, d.h. der Chip darf nicht angewählt sein, weil anderenfalls der Inhalt des Speichers geändert werden könnte. Wenn die Refresh-Zyklen in gleichmäßigen Abständen unter die ´normalen´ Speicherzugriffe eingestreut werden (Cycle Stealing Refresh), muß mindestens alle 31.2 μs ein Refresh-Zyklus erfolgen. Werden alle 64 Refresh-Zyklen hintereinander durchgeführt (Burst Mode), so ist der Speicher alle 2ms für 32 μs (64 Zyklen) blockiert. Der genaue Ablauf der Speicher-Zugriffe geht aus Bild 5 hervor.

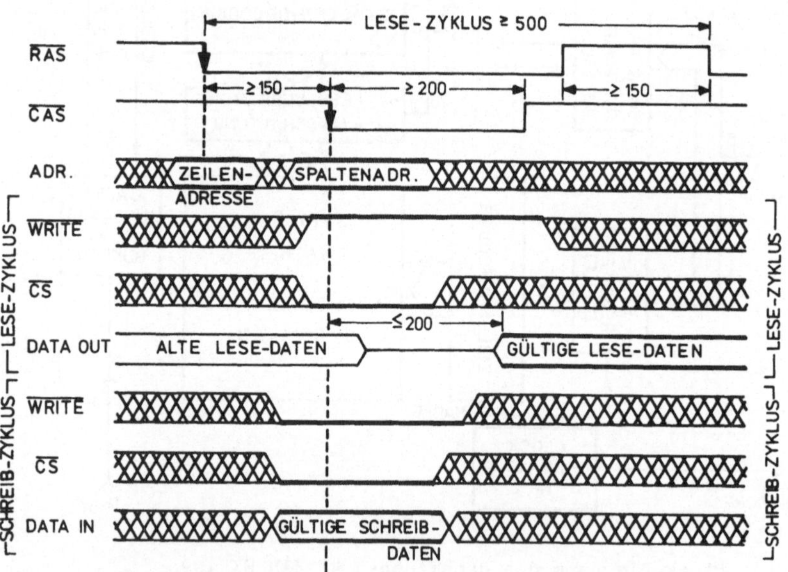

Bild 5: Timing-Diagramme des MK 4096

Mit der führenden (H->L) Flanke des Signals $\overline{RAS}$ ('Row Address Strobe') wird die Zeilenadresse (A5...A0) übernommen. Mit der führenden Flanke des Signals $\overline{CAS}$ ('Column Address Strobe'), die frühestens 150' ns nach der entsprechenden Flanke von $\overline{RAS}$ auftreten darf, wird die Spaltenadresse (A11...A6) übernommen und der interne Ablauf des Speicherzugriffs gestartet. Bei einem Lese-Zyklus sind die Ausgangsdaten spätestens 200 ns nach dem Beginn von $\overline{CAS}$ gültig. Bei einem Schreibzyklus müssen die Eingangsdaten spätestens bei Beginn von $\overline{CAS}$ gültig angelegt sein.

Bild 6 zeigt das Blockschaltbild einer Speichermatrix mit 4K Worten zu je 8 Bit, die aus Bausteinen des Typs MK 4096 aufgebaut ist. Der Speicher ist Bus-orientiert, d.h. alle Datenleitungen führen auf einen 8 Bit breiten bidirektionalen Daten-Bus. Neben den 12 Adreßleitungen, einem Memory-Select-Signal und einem Lese/Schreib-Signal benötigt der Speicher eine eigene Takt-Versorgung (MC - Memory-Clock). Ferner müssen die Refresh-Zyklen mit dem ansteuernden System koordiniert werden; dies geschieht im

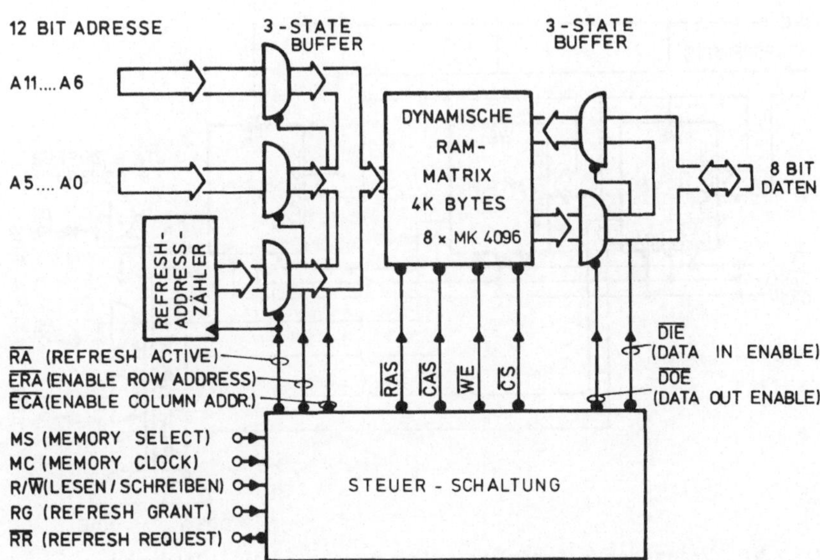

Bild 6: Blockschaltbild einer 4K-Bytes-Speicher-Matrix aus dynamischen Speicherbausteinen

´Handshake´-Verfahren mit den beiden Leitungen ´Refresh Request´ und ´Refresh Grant´: Alle 30 µs erzeugt die Steuer-Schaltung (asynchron zum Speichertakt) einen Refresh Request ($\overline{RR}$ Low). Das ansteuernde System antwortet nun synchron mit der fallenden Flanke des Speichertakts mit ´Refresh Grant´ (RG High). Daraufhin nimmt die Speicher-Steuer-Schaltung den Refresh Request zurück ($\overline{RR}$ High). Das ansteuernde System nimmt daraufhin synchron mit der nächsten fallenden Flanke des Speichertakts den ´Refresh Grant´ zurück (RG Low). Während RG=High läuft dann genau ein Refresh-Zyklus ab. Bild 7 erläutert diesen Ablauf.

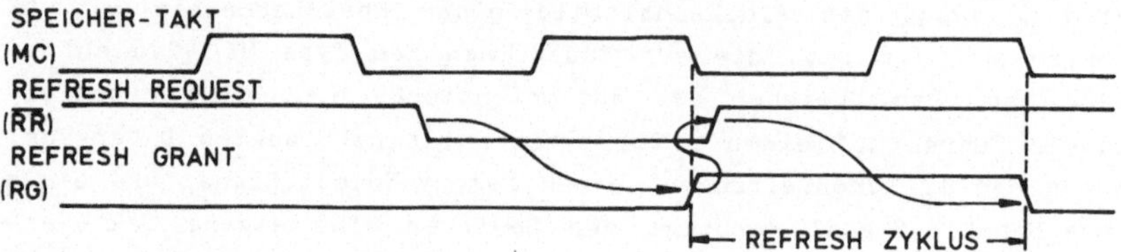

Bild 7:   Refresh Request/Grant-Ablauf

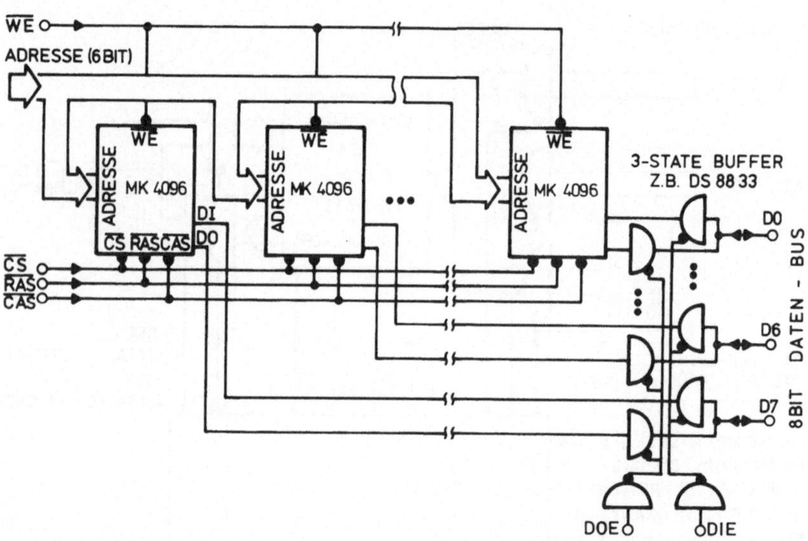

Bild 8:   Dynamischer Speicher - RAM-Bausteine und Daten-Bus-
          Anschluß

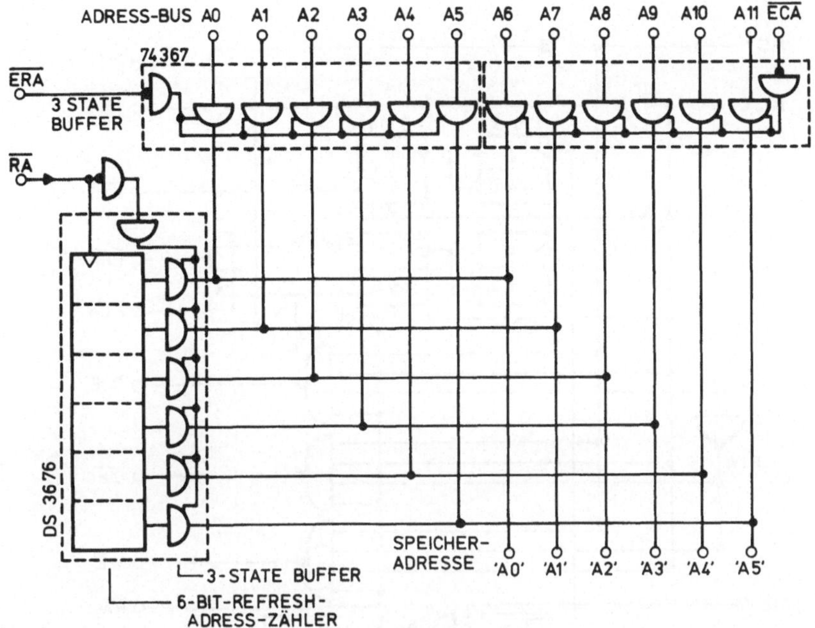

Bild 9:   Dynamischer Speicher - Adreßsteuerung

Während der Refresh-Zyklen wird die an die Speichermatrix anzule-
gende Adresse von einem Refresh-Adreß-Zähler geliefert (siehe
Bild 6). Die externen Adreß- und Daten-Leitungen werden während
der Refresh-Zyklen über 3-State-Gatter von der Speichermatrix
getrennt. Alle entsprechenden Steuersignale werden von der Steuer-
Schaltung generiert.

Die Bilder 8, 9, 10 geben den detaillierten Schaltplan des Speichers, Bild 11 das Timing des Speichers wieder.

Bild 8 zeigt die eigentliche Speichermatrix aus 8 Bausteinen
MK 4096 und die bidirektionalen Daten-Buffer. Diese werden jeweils während eines normalen Lese- bzw. Schreibzyklus eingeschaltet (Zeilen 11, 12 in Bild 11); während eines Refresh-Zyklus
sind beide Richtungen gesperrt.

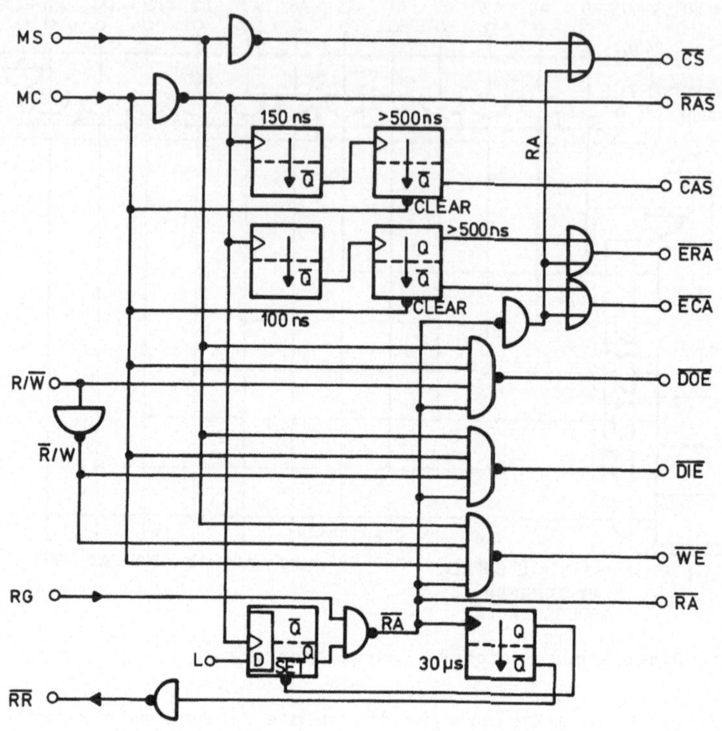

Bild 10: Dynamischer Speicher - Steuer-Schaltung

Bild 9 gibt die Adreßansteuerung detailliert wieder: Während
eines normalen Zyklus werden zunächst für etwa 100 ns die Zei-
lenadressen A5,...,A0 aufgeschaltet (Signal ĒRA - ´Enable Row
Address´, Zeile 14 in Bild 11), anschließend für den Rest des
Zyklus mit dem Signal ĒCA (´Enable Column Address´, Zeile 15 in
Bild 11) die Spaltenadressen A11,...,A6. Während eines Refresh-
Zyklus sind die Bus-Adreßleitungen abgeschaltet und die Ausgänge
des Refresh-Adreß-Zählers werden auf die Adreßeingänge der Speicherchips geschaltet (Signal RĀ - ´Refresh Active´, Zeile 7 in
Bild 11). Mit der rückwärtigen (L➔H) Flanke des Signals RĀ wird
dieser Zähler bei jedem Refresh-Zyklus inkrementiert.

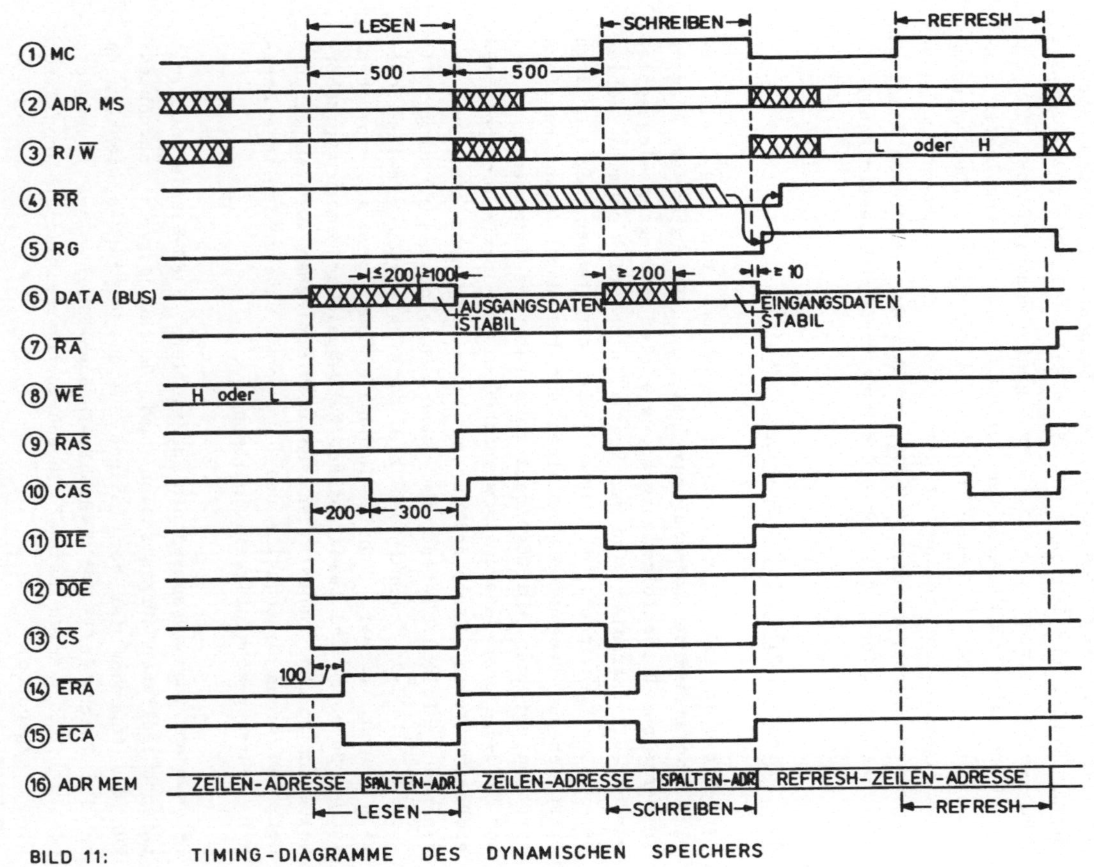

BILD 11: TIMING-DIAGRAMME DES DYNAMISCHEN SPEICHERS

Die Steuer-Schaltung (Bild 10) führt mit Hilfe des Flipflops und des 30 μs-Monoflops das Refresh Request/Refresh Grant-Schema durch (Bild 7 und Zeilen 1, 4, 5 in Bild 11). Die Steuer-Schaltung wertet ferner die Ansteuer-Signale Memory Clock (MC) und Lesen/Schreiben (R/$\overline{\text{W}}$) aus. Der genaue Ablauf der angelegten Signale ist in Bild 11, Zeilen 1, 2, 3, 6 festgelegt. (Der angenommene Signalverlauf entspricht dem Timing des in Abschnitt 5 behandelten Mikroprozessors M 6800, so daß der in diesem Beispiel entwickelte Speicher dort ohne Änderung verwendet werden kann).

1.2 <u>First-In-First-Out - Speicher (FIFO´s)</u>

FIFO-Speicher (First-in-first-out Memories) sind allgemein seriell organisierte Schreib/Lese-Speicher, die Daten am Ausgang in derselben Reihenfolge abgeben, wie sie am Eingang eingespeist wurden. Üblicherweise wird der Begriff nicht für ´normale´ Schieberegister verwendet, die immer eine der festen Registerlänge entsprechende Datenmenge enthalten und bei denen alle Transfers synchron erfolgen. Im Gegensatz dazu kann die Datenmenge in einem FIFO-Speicher jederzeit zwischen 0 und der maximalen Speichergröße variieren. Einschreiben und Auslesen können asynchron zueinander erfolgen. Daten, die ´oben´ in einen FIFO eingefüllt werden, ´fallen´ automatisch bis zur ´untersten´ freien Position durch. Dieser ´Bubble Through´-Mechanismus ist asynchron zu den Schreib- und Lesesignalen. FIFO-Speicher werden typischerweise an solchen Nahtstellen von elektronischen Geräten verwendet, bei denen Datenquelle und Datensenke unterschiedliche Lese- bzw. Schreibgeschwindigkeit besitzen.

Es werden von verschiedenen Herstellern FIFO-Bauelemente mit unterschiedlicher Organisation und Geschwindigkeit angeboten. Für den Anwender ist der interne Aufbau des FIFO´s wichtig, da er die Durch-´Fall´-Zeit (Bubble-Through-Time) eines Datenworts bestimmt. Es werden nach 2 verschiedenen Prinzipien arbeitende FIFO´s angeboten:
- FIFO´s mit Datenspeicherung in einem RAM (z.B. TMS 4024)
- FIFO´s mit Datenspeicherung in einem asynchronen Schieberegister (z.B. Fairchild 3341)

Im folgenden werden zunächst beide FIFO-Strukturen kurz erläutert. Anschließend wird als Beispiel ein aus mehreren FIFO-Chips zusammengesetzter FIFO-Speicher detailliert beschrieben.

1.2.1 FIFO mit RAM-Datenspeicherung

Bild 12 zeigt das Prinzipschaltbild eines FIFO-Speichers mit Datenspeicherung in einem RAM. Kernstück dieses FIFO-Speichers ist ein RAM mit unabhängigem Schreib- und Lese-Zugriff (2-Port RAM). Die Steuerung besteht im wesentlichen aus 3 Zählern:
- Schreibadreßzähler: dieser zeigt immer auf die aktuelle nächste freie Schreibposition
- Leseadreßzähler: dieser zeigt immer auf die aktuelle nächste zu lesende RAM-Position
- Buchhaltungszähler: dieser Aufwärts/Abwärtszähler enthält immer die aktuelle Zahl der freien Positionen des RAM.

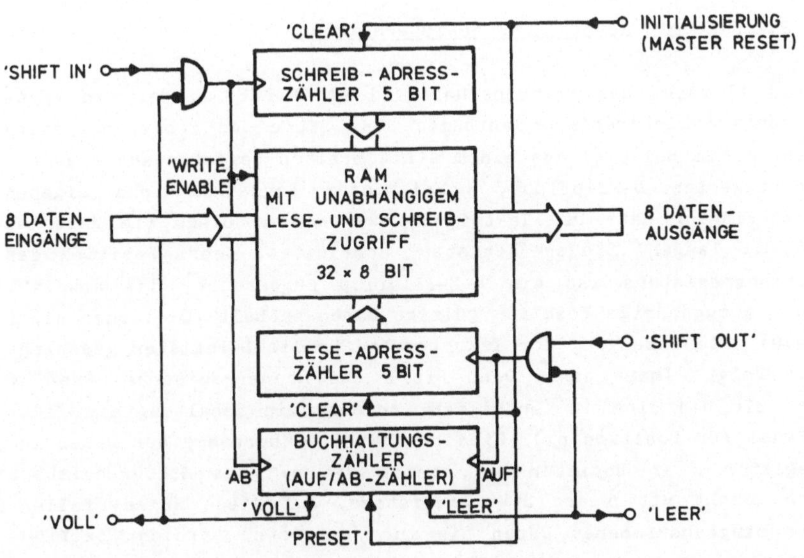

Bild 12: Prinzipschaltbild eines FIFO-Speichers
mit RAM-Datenspeicherung

Vor dem ersten Schreiben von Information muß der FIFO initialisiert werden, d.h. der Buchhaltungszähler wird auf die maximal
mögliche Zahl von freien Positionen (im Beispiel: 32) voreinge-
stellt; Lese- und Schreib-Adreßzähler werden beide auf den gleichen Wert (z.B. Position 0) vorgesetzt ('Master Reset'). Bei
jedem Schreiben in den FIFO wird die anliegende Information in
die vom Schreib-Adreßzähler adressierte RAM-Zelle geschrieben.
Mit dem Schreib-Impuls wird der Schreib-Adreßzähler inkrementiert; der Buchhaltungszähler wird dekrementiert, da die Anzahl
der freien Positionen um 1 vermindert wurde. An den Daten-Aus-
gängen liegt die Information an, die in der vom Lese-Adreßzähler
adressierten RAM-Position enthalten ist. Mit dem 'Shift-Out'-
Signal werden der Lese-Adreßzähler und der Buchhaltungszähler
inkrementiert. Der Buchhaltungszähler liefert auch die FIFO-Sta-
tussignale 'Voll' und 'Leer', die ihrerseits die 'Shift In'-
bzw. 'Shift Out'-Signale sperren können.

1.2.2 FIFO mit asynchronem Schieberegister

Bild 13 zeigt das Prinzipschaltbild eines FIFO's, der ein asyn-
chrones Schieberegister enthält. Jede Stufe des Schieberegisters
besteht im Beispiel aus einem 4 Bit breiten Register aus flanken-
getriggerten D-Flipflops, wobei jedes Register einen eigenen
Takt-Eingang hat. Die Taktsignale werden von einem (im Beispiel
64 Bit langen) Steuer-'Register' abgeleitet: Jeder Position des
Schieberegisters ist ein R-S-Flipflop zugeordnet, das anzeigt,
ob die zugehörige Position gültige Daten enthält (Q=1) oder nicht
(Q=0). Die Erzeugung der Taktsignale für die D-Register geschieht
wie folgt: Immer dann, wenn Bit n des Steuerregisters eine '1'
und Bit n+1 eine '0' enthalten, erzeugt die Schaltung ein Takt-
signal für Position n+1. Dies bewirkt die Übernahme der Daten aus
Register n in Register n+1, setzt Bit n+1 des Steuerregisters
und löscht Bit n des Steuerregisters. Auf diese Weise 'fallen'
die eingeschriebenen Daten bis zur 'untersten' freien Position.
Einschreiben neuer Daten ist immer dann möglich, wenn Bit 0 des
Steuerregisters '0' ist; um diese Bedingung abfragbar zu machen,
ist der $\overline{Q}$-Ausgang des FF 0 des Steuerregisters als 'Input Ready'
nach außen geführt. Das Auslesen der Information aus Position

63 des Schieberegisters ist immer dann möglich, wenn Flipflop 63
des Steuerregisters eine ´1´ enthält. Um diese Bedingung abfragbar zu machen, ist der Q-Ausgang dieses FF nach außen geführt
(´Output Ready´).

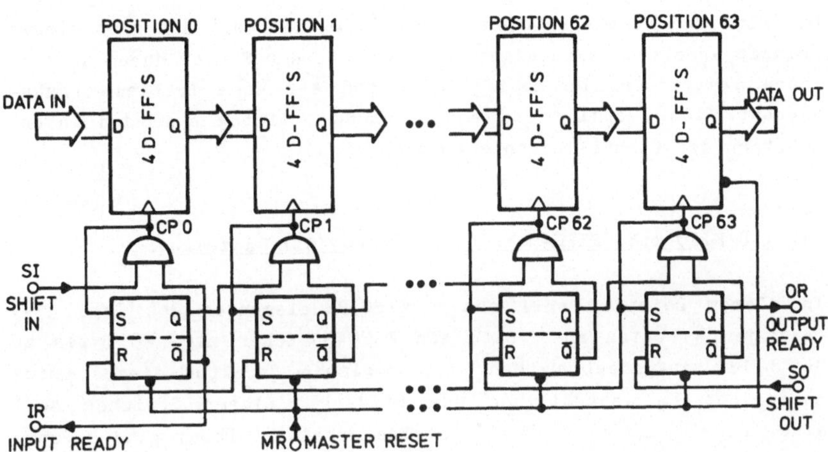

Bild 13: FIFO-Speicher mit asynchronem Schieberegister,
          Prinzipschaltbild

Das Durch´fallen´ der Information bis auf die unterste Position
soll anhand des Bildes 14 erläutert werden.

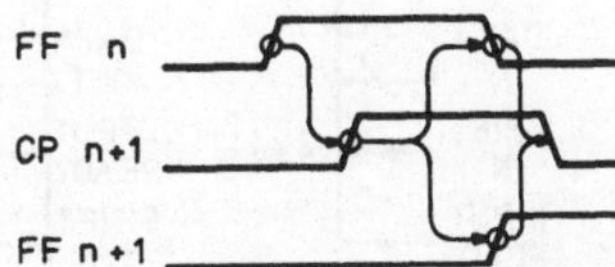

Bild 14:
FIFO-Speicher mit asynchronem
Schieberegister,Timing einer Stufe

Wir betrachten zwei aufeinander folgende Flipflops des Steuerregisters. Zu Beginn seien beide Flipflops auf ´0´, d.h. beide
Register-Positionen leer. Solange FFn = 0 ist, wird an FFn+1
kein Signal abgegeben. Wenn FFn = 1 wird, (und FFn+1 = 0) wird

ein Übernahme-Puls CPn+1 generiert; d.h. Register n+1 übernimmt
den Inhalt von Register n, FFn+1 wird gesetzt, FFn wird gelöscht.
Dieser Prozeß pflanzt sich solange fort, bis er auf eine gesetz-
te Stelle des Steuerregisters trifft.

Die Ein- und Ausgangsstufen realer FIFO-Speicher, die nach diesem
Prinzip arbeiten, sind gegenüber den internen Stufen durch zusätzliche Zeitglieder so modifiziert, daß sie ohne Probleme kaska-
dierbar sind. Details des entsprechenden Timing sind den Datenblättern der Hersteller zu entnehmen.

Beispiel:
128 x 8-FIFO mit ´FIFO-Leer´- und ´FIFO-Voll´-Anzeige

In diesem Beispiel soll aus 4 FIFO-Bauelementen des Typs 3341
(mit je 64 Worten zu 4 Bit) ein FIFO-Speicher mit 128 Bytes zu
je 8 Bit aufgebaut werden. Die logische Struktur dieses Chips
entspricht im wesentlichen dem Bild 13. Dieser Speicher soll
eine ´Leer´- und eine ´Voll´-Anzeige erhalten. Dabei sind 2 Punkte zu beachten:
- Das Hintereinanderschalten von FIFO-Bausteinen ist nur dann
  problemlos, wenn der Hersteller ein entsprechendes Zeitverhalten der Steuersignale anbietet: bei Bausteinen des Typs
  3341 ist durch zusätzliche interne Logik sichergestellt, daß
  2 Bausteine ohne Verwendung zusätzlicher Schaltelemente hintereinander geschaltet werden können (Bild 15).

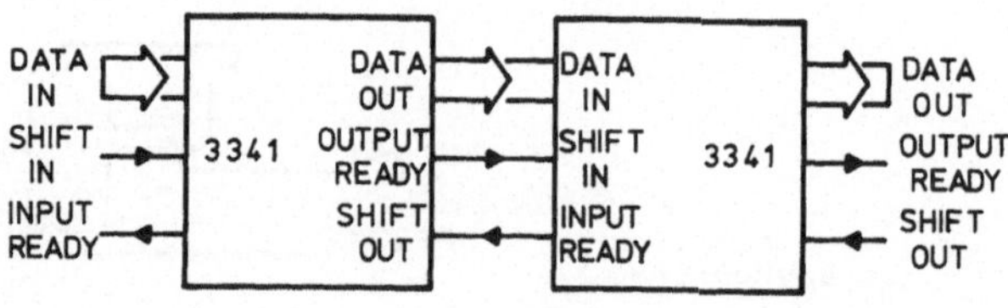

Bild 15: Serienschaltung zweier FIFO´s 3341

- Da die beiden Signale IR, OR beim Schreiben bzw. Lesen von
  Daten ´atmen´, können sie nicht unmittelbar als Voll- oder
  Leer-Anzeige verwendet werden. In Bild 16 ist das Blockschaltbild eines 128x8-FIFO´s mit statisierter Voll- und Leer-Anzeige wiedergegeben. Das OR-Signal wird zu diesem Zweck mit
  etwa 2 MHz abgetastet und jedesmal ein Retriggerable Monoflop
  angeworfen. Das bewirkt, daß das Signal am Monoflop-Ausgang
  die ´Lücken´ des Signals OR beim Durchfallen von Daten nicht
  mehr aufweist (Bild 17), der komplementäre Ausgang des Mono-
  flops hat die Bedeutung ´FIFO leer´. Entsprechend wird aus
  dem Signal ´Input Ready´ ein Signal ´FIFO voll´ abgeleitet.

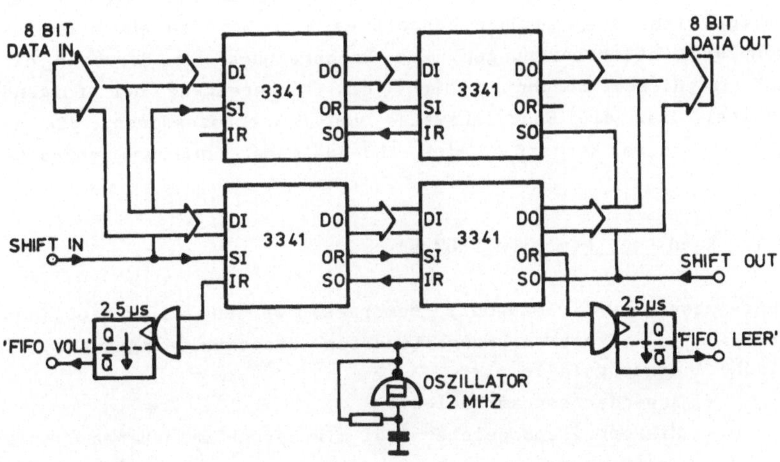

Bild 16: 128 Byte-FIFO-Speicher mit Leer- und Voll-Anzeige

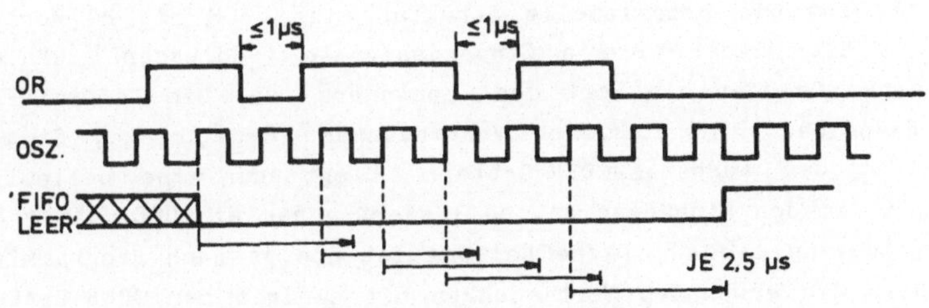

Bild 17: Erzeugung des ´FIFO leer´-Signals

2 Spezielle Schaltnetze

Aus der Vielzahl spezieller Schaltnetze, die als integrierte
Bausteine für Mikroprozessor-Anwendungen in Frage kommen, sollen
in diesem Abschnitt drei behandelt werden:
- Read-Only Memory (ROM)
- Programmable Logic Array (PLA)
- Arithmetisch-logische Einheit (Arithmetic Logic Unit,
  ALU)

Die beiden ersten sind in ihrer logischen Struktur ähnlich; bei-
des sind Schaltnetze, die zum Einsatz ´programmiert´ werden müssen, d.h. deren endgültige interne Schaltung vom Anwender festgelegt wird. Demgegenüber handelt es sich bei den ALU´s um feste
komplexe Gatteranordnungen. Die Beschreibung der Struktur einer
ALU in diesem Abschnitt dient der Vorbereitung der folgenden
Kapitel über die Funktionsweise von Mikroprozessoren, die alle
als logisches Kernstück eine ALU-ähnliche Baugruppe enthalten.

2.1 Read-Only Memories (ROM´s)

Festwertspeicher (Read-Only Memories) werden an verschiedenen
Stellen in mikroprozessorgesteuerten Systemen eingesetzt. Ty-
pische Anwendungsfälle sind:
- Anwenderprogrammspeicher
- Mikroprogrammspeicher (bei mikroprogrammierbaren
  Prozessoren)
- Zeichengeneratoren, Funktionsgeneratoren

Bild 18 gibt die prinzipielle Struktur eines ROM mit 2^n Worten
zu je m Bit wieder. Die n Eingangssignale (´Adressen´) wählen
über einen Decoder ein Wort des ´Speichers´ an. Die Information
wird gespeichert in Form von Verbindungen (Metallmaske, Siche-
rung) mit den Ausgangs-ODER-Gattern. Liegt nun eine beliebige
´Adresse´ an den Eingängen an, so liefert genau ein UND-Gatter an
seinem Ausgang eine 1. Diese Leitung ist nun je nach Programmierung über die erwähnten Verbindungen mit einigen der ODER-Gatter
verbunden. Alle ODER-Gatter, die mit dieser Leitung verbunden

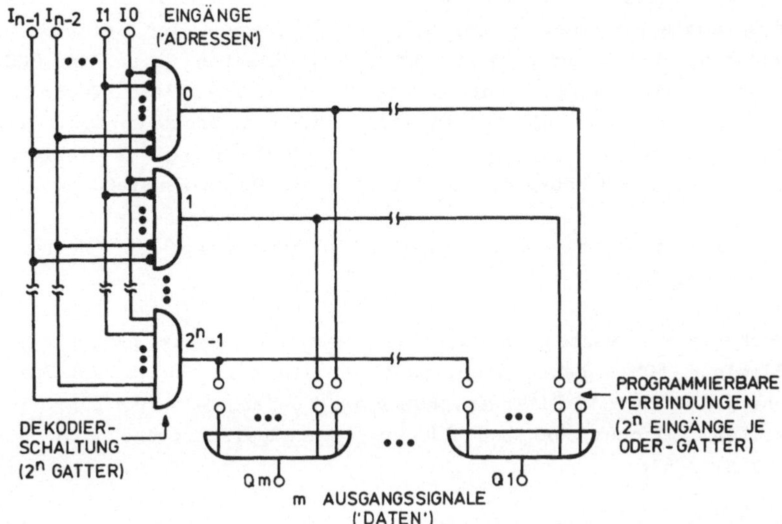

Bild 18: Logische Struktur eines (P)ROM mit 2^n Worten zu je m Bit

sind, liefern an ihrem Ausgang eine 1. Eine fehlende Verbindung ergibt eine 0 am Ausgang des entsprechenden ODER-Gatters. Die 2^n UND-Gatter am Eingang entsprechen genau den 2^n Mintermen der Schaltfunktion f, die am Ausgang des ODER-Gatters ansteht.

Für den Anwender von Bedeutung sind die unterschiedlichen Programmierverfahren für solche Chips:

- Maskenprogrammierbare ROM´s
  Die gespeicherte Funktion wird durch eine Metallisierungsmaske bei der Herstellung festgelegt. Diese Methode ist nur bei großen Stückzahlen sinnvoll.

- Nicht-löschbare, kundenprogrammierbare ROM´s (PROM´s)
  Bei diesen Chips wird die gewünschte Funktion durch elektrische Programmierung (z.B. Durchschmelzen von eingebauten Sicherungen) des fertigen Bauelements festgelegt. Dies geschieht durch entsprechende PROM-Programmiergeräte und ist nicht rückgängig zu machen.

- <u>Löschbare, kundenprogrammierbare ROM´s (EPROM´s, RePROM´s)</u>
  Diese Bauelemente werden wie die PROM´s mit speziellen Geräten
  programmiert. Dabei geschieht die Speicherung der Information
  dadurch, daß Ladungsträger auf die isolierten Gates von MOS-
  Transistoren aufgebracht werden (´Floating Gate´-Technik).
  Die gespeicherte Information kann wieder gelöscht werden. Dies
  geschieht bei den meisten Typen durch Bestrahlung mit UV-Licht.
  Zu diesem Zweck haben diese Bausteine ein Quarz-Fenster.

Die Zugriffszeiten und Speichergrößen hängen von der Herstel-
lungstechnik ab:

- Masken-ROM´s werden in bipolarer und MOS-Technik hergestellt.
  Bipolare ROM´s haben Zugriffszeiten von etwa 50 ns und Speichergrößen bis 1K Bit/Chip. ROM´s in MOS-Technik haben Zugriffszeiten zwischen 200 und 700 ns, die Speichergröße geht bis
  16K Bit/Chip.

- Nicht löschbare PROM´s werden in bipolarer Technik hergestellt
  mit Zugriffszeiten um 50 ns und Speichergrößen bis 4K Bit/Chip

- UV-löschbare PROM´s werden in NMOS-Technik gefertigt, die Zugriffszeiten liegen entsprechend bei 500 ns, die Speichergrößen
  sind maximal 64K Bit/Chip (1981).

2.2 Programmable Logic Arrays (PLA´s)

Ein weiterer programmierbarer Bauelemente-Typ, der in komplexen
Digitalschaltungen häufig einsetzbar ist, ist das PLA - ´Pro-
grammable Logic Array´. Ähnlich dem ROM gibt es sowohl masken-
programmierbare (PLA) als auch kundenprogrammierbare Bausteine
(FPLA - ´Field Programmable Logic Array´). (F)PLA´s sind bipolare
Bauelemente mit Verzögerungszeiten unter 100 ns.

Bild 19 gibt das logische Schaltbild eines FPLA wieder (Signetics 82S100). Die Schaltung enthält:
- 48 UND-Gatter mit je 32 Eingängen
  Jede der 16 Eingangsvariablen kann wahlweise
  invertiert auf das Gatter geschaltet werden.
- 8 ODER-Gatter mit je 48 Eingängen
  Diese Eingänge können mit den Ausgängen der
  UND-Gatter verbunden werden.
- 8 EXOR-Gatter, mit denen die Ausgänge der ODER-Gatter
  invertiert werden können.
- 8 3-State-Buffer an den Ausgängen der EXOR-Gatter.

Diese Schaltung enthält also insgesamt

$$48 \times 32 + 48 \times 8 + 8 = 1928$$

programmierbare Verbindungen; das entspricht _formal_ einer Speicher-Kapazität von 1928 Bit.

Wie aus Bild 19 im Vergleich mit Bild 18 hervorgeht, haben PLA und ROM eine ähnliche logische Struktur. Beide beinhalten ein zweistufiges Schaltnetz aus UND- und ODER-Gattern. Der wesentliche Unterschied zwischen beiden Schaltungen besteht darin, daß beim PLA auch die Aufschaltung der Eingangsvariablen d.h. die Decodierschaltung programmierbar ist, während beim ROM diese Verbindungen fest vorgegeben sind; d.h. bei einem (P)ROM sind als UND-Verknüpfungen nur Minterme der zu realisierenden Funktion zulässig, während bei einem (F)PLA beliebige UND-Terme der Eingangsvariablen verwendet werden können. Allerdings ist die Anzahl dieser UND-Terme beim (F)PLA beschränkt: typisch 48 bei FPLA´s, 96 bei PLA´s. Diese Einschränkung wird teilweise kompensiert durch die Möglichkeit, die Ausgangsleitungen (durch die in Bild 19 eingetragenen EXOR-Gatter) zu negieren.

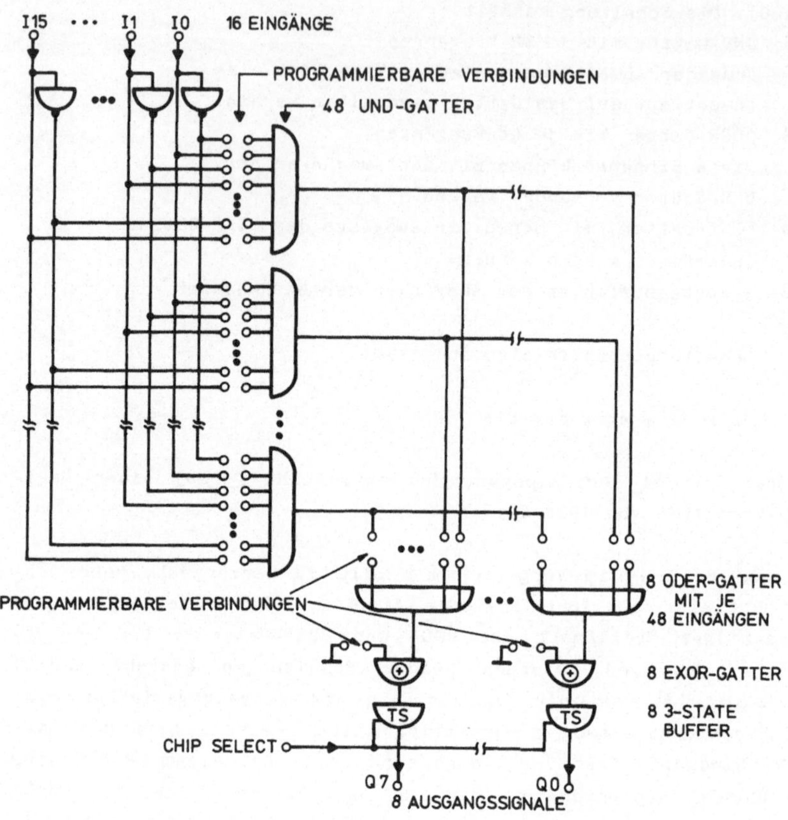

Bild 19: Logische Struktur eines (F)PLA mit 16 Eingangsvariablen,
48 UND-Termen, 8 Ausgangsfunktionen

Vergleich der Einsatzmöglichkeiten von (P)ROM´s und (F)PLA´s

Aus der Struktur der beiden Bauelemente ergeben sich folgende
Hinweise für den Einsatz:
- Als Programmspeicher können im allgemeinen nur (P)ROM´s ein-
  gesetzt werden.

- Funktionen weniger Variabler (bis etwa 10) lassen sich im allgemeinen günstiger (d.h. billiger und räumlich kleiner) mit
(P)ROM´s realisieren.
- Funktionen mit vielen Variablen (mehr als 10) lassen sich günstiger realisieren
  - mit (P)ROM´s, wenn die Funktionen als Funktionstafeln gegeben sind und sie sich nur wenig vereinfachen (minimisie-
ren) lassen. Typisches Beispiel: Mathematische Funktionen.
  - mit (F)PLA´s, wenn die Funktionen als Boolesche Ausdrücke
vorgegeben sind, oder wenn sich vereinfachte Darstellungen
der Funktionen aus der Funktionstafel gewinnen lassen.
Typische Beispiele: Ablaufsteuerungen, Decoder.

<u>Beispiel: Ablaufsteuerung</u>

Das folgende Beispiel einer Ablaufsteuerung, deren Definition als
Zustands-Übergangs-Graph (State Transition Graph) gegeben sei,
illustriert den Unterschied zwischen ROM und PLA. Bild 20 gibt
die Hardware-Struktur der betrachteten Ablaufsteuerung (Schalt-
werk) wieder.

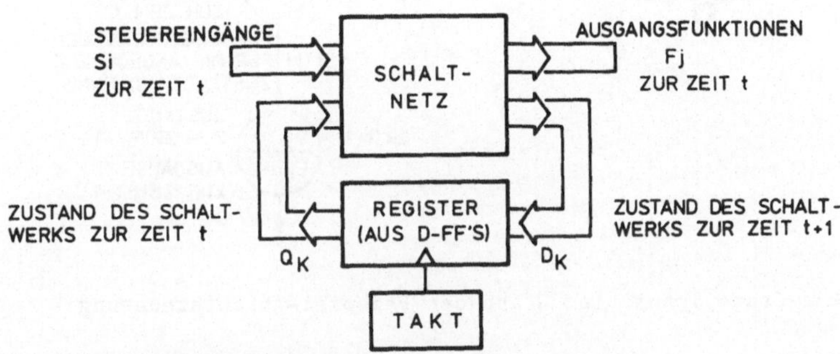

Bild 20: Allgemeine Struktur eines Schaltwerks

Dabei gelte im vorliegenden Beispiel die Einschränkung, daß die
Ausgangsfunktionen Fj zur Zeit t nur abhängig seien vom Zustand
zur Zeit t (und unabhängig von den aktuellen Steuereingängen).
Bild 21 möge der State Transition Graph der zu betrachtenden
Beipiel-Ablaufsteuerung sein.

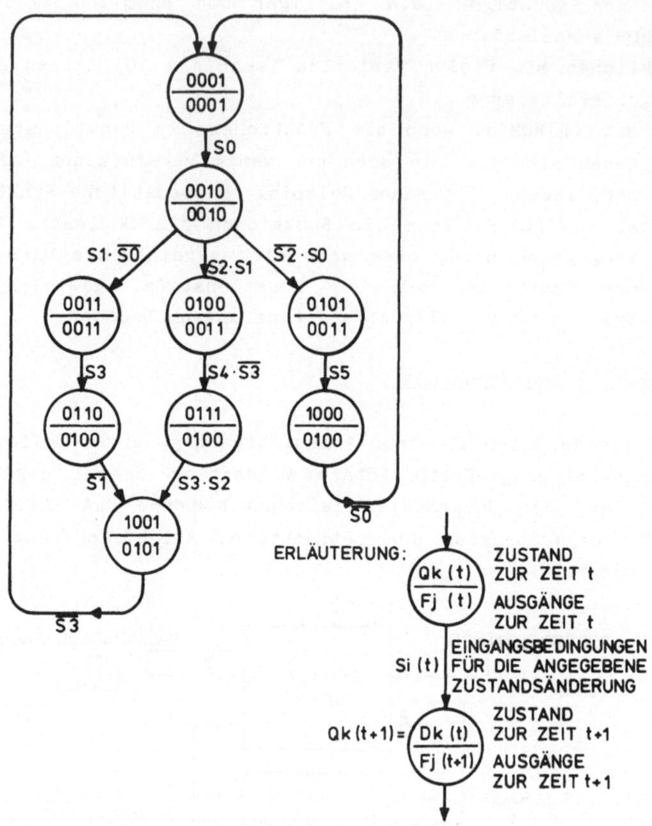

Bild 21: State Transition Graph der Beispiel-Ablaufsteuerung

Tabelle 1 gibt diesen State Transition Graph in Tabellenform
wieder. Das zugehörige Schaltnetz kann durch ein (P)ROM oder
ein (F)PLA realisiert werden. Für die Realisierung mit einem
PROM müssen die Funktionstafeln auch für die Don't-Care-Eingänge
mit beliebigen Werten ergänzt werden. Es wird dementsprechend
ein PROM mit 1K Worten zu je 8 Bit benötigt. Die Realisierung
mit einem (F)PLA kann unmittelbar aus der Funktionstafel (Tabelle 1) erfolgen.

	Eingaenge zur Zeit t						Alter Zustand zur Zeit t				Neuer Zustand zur Zeit t+1				Ausgaenge zur Zeit t			
	S5	S4	S3	S2	S1	S0	Q3	Q2	Q1	Q0	D3	D2	D1	D0	F3	F2	F1	F0
P1	X	X	X	X	X	1	0	0	0	1	0	0	1	0	0	0	0	1
P2	X	X	X	X	1	0	0	0	1	0	0	0	1	1	0	0	1	0
P3	X	X	X	1	1	X	0	0	1	0	0	1	0	0	0	0	1	0
P4	X	X	X	0	X	1	0	0	1	0	0	1	0	1	0	0	1	0
P5	X	X	1	X	X	X	0	0	1	1	0	1	1	0	0	0	1	1
P6	X	1	0	X	X	X	0	1	0	0	0	1	1	1	0	0	1	1
P7	1	X	X	X	X	X	0	1	0	1	1	0	0	0	0	0	1	1
P8	X	X	X	X	0	X	0	1	1	0	1	0	0	1	0	1	0	0
P9	X	X	1	1	X	X	0	1	1	1	1	0	0	1	0	1	0	0
P10	X	X	X	X	X	0	1	0	0	0	0	0	0	1	0	1	0	0
P11	X	X	0	X	X	X	1	0	0	1	0	0	0	1	0	1	0	1

Tabelle 1:   Funktionstafel der Beispiel-Ablaufsteuerung

Die Eingänge S5...S0 und die Zustandsbits Q3...Q0 werden als
(F)PLA-Eingänge verwendet; die Bits des nächsten Zustands (D3...
D0) und die Ausgangsfunktionen (F3...F1) sind die Ausgänge des
(F)PLA´s. Jeder Zeile von Tabelle 1 ist ein Produkt-Term des
(F)PLA zugeordnet; zur Zeile 1 gehört z.B. bei einem (F)PLA mit
16 Eingängen der P-Term:

$$\begin{array}{ccccccccccc}
 & & & & & & S5\ S4\ S3\ S2\ S1\ S0\ Q3\ Q2\ Q1\ Q0 \\
\end{array}$$

```
                        S5 S4 S3 S2 S1 S0 Q3 Q2 Q1 Q0
    P1: X  X  X  X  X  X  X  X  X  X  X  1  0  0  0  1
        └──────────────┘  └──────────┘
         nicht verwendet    Don´t care
                          nach Tabelle 1
```

Die Anzahl der benötigten Produkt-Terme ist also im vorliegenden
Beispiel elf. Jeder D- oder F-Spalte in Tabelle 1 entspricht
im (F)PLA ein ODER-Gatter mit zugehörigem EXOR-Gatter. Die Aus-
gangsfunktion F1 ist z.B. die Disjunktion (ODER) der P-Terme
P2 bis P7:

$$F1 = P2 \lor P3 \lor P4 \lor P5 \lor P6 \lor P7.$$

Wenn man das EXOR-Gatter am Ausgang als Negation programmiert,
kann man F1 auch als Disjunktion der Terme P1, P8, P9, P10, P11
erhalten:

$$F1 = \overline{P1 \lor P8 \lor P9 \lor P10 \lor P11}$$

Das hat den Vorteil, daß für F1 weniger Produktterme - und damit
UND-Gatter - im (F)PLA ´verbraucht´ werden.

2.3 Arithmetisch-logische Einheit

Logisches Kernstück jedes Rechners ist eine arithmetisch-logische Einheit (ALU - ´Arithmetic Logic Unit´). Solche Funktionseinheiten sind einerseits als einzelne integrierte Bausteine (für 4 Bit breite Verarbeitung) erhältlich, andererseits ist jeder Mikroprozessor um eine ALU herum aufgebaut. In diesem Abschnitt soll die Funktionsweise einer ALU erläutert werden, und zwar wird zunächst ein 4-Bit-Volladdierer aufgebaut. Besondere Beachtung findet dabei die Übertragsbearbeitung. Anschließend wird dieser Volladdierer zu einer ALU erweitert.

Ausgangspunkt sind die Funktionsgleichungen für einen einstelligen (binären) Volladdierer; die verwendeten Bezeichnungen sind aus Bild 22 zu entnehmen:

Summe: S_i = Ai EXOR Bi EXOR Ci   (EXOR = Exklusiv-Oder)
Übertrag: C_{i+1} = AiBi v BiCi v AiCi

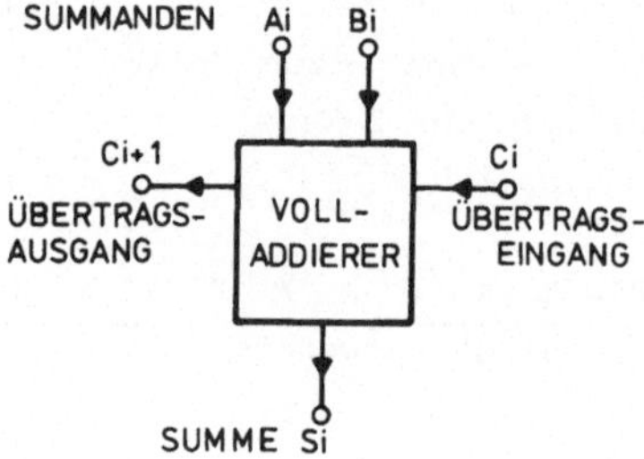

Bild 22:
Einstelliger Volladdierer

Die einfachste Form eines n-stelligen binären Volladdierers ist die Parallelschaltung von n 1-stelligen Volladdierern mit durchlaufender Übertragsverarbeitung (´Ripple Carry Adder´). Dieser Addierer läßt sich nur für langsame Anwendungen oder kurze Wortlängen einsetzen, da die Verarbeitungszeit für den Übertrag proportional der Stellenzahl ist. Aus diesem Grund wurden Addierer mit schneller Übertragungsverarbeitung entwickelt (´Carry Look Ahead´-Technik).

Zum Verständnis dieser Schaltungen werden die Volladdierer-Gleichungen umgeformt. Ausgangspunkt ist die Volladdierer-Funktionstafel (Spalten 1 bis 5 in Tabelle 2).

Ai Bi Ci	Si	Ci+1	Gi	Pi
0 0 0	0	0	0	0
0 0 1	1	0	0	0
0 1 0	1	0	0	1
0 1 1	0	1	0	1
1 0 0	1	0	0	1
1 0 1	0	1	0	1
1 1 0	0	1	1	1
1 1 1	1	1	1	1

Tabelle 2   Funktionstafel eines Volladdierers

Und zwar wird zunächst der Übertrag aufgespalten in zwei Teilfunktionen:

$$C_{i+1} = G_i \vee P_i C_i$$

Die Hilfsfunktionen Gi und Pi haben folgende Bedeutung:

- Gi = 1 genau dann, wenn die betrachtete Stufe i des Addierers
  - unabhängig vom Eingangsübertrag Ci - einen Übertrag erzeugt
  ($^\prime$Carry $\underline{G}$enerate$^\prime$).
- Pi = 1 genau dann, wenn die betrachtete Stufe i des Addierers
  einen anliegenden Übertrag an die nächst höherwertige Stufe
  i+1 weitergibt, oder wenn die Stufe i einen Übertrag erzeugt
  ($^\prime$Carry $\underline{P}$ropagate$^\prime$).

Beide Hilfsfunktionen sind nur von Ai und Bi, nicht aber von Ci abhängig:

$$G_i = A_i \cdot B_i$$
$$P_i = A_i \vee B_i$$

Schreibt man die Summe Si nun ebenfalls als Funktion dieser Teilfunktionen Pi, Gi und des Eingangsübertrags Ci:

$$S_i = A_i \text{ EXOR } B_i \text{ EXOR } C_i$$
$$= \overline{A_i \cdot B_i} \cdot (A_i \vee B_i) \text{ EXOR } C_i$$
$$= \overline{G_i} \cdot P_i \text{ EXOR } C_i,$$

so kann man ein n-stelliges Addierwerk der in Bild 23 angegebenen Struktur aufbauen (n = 4).

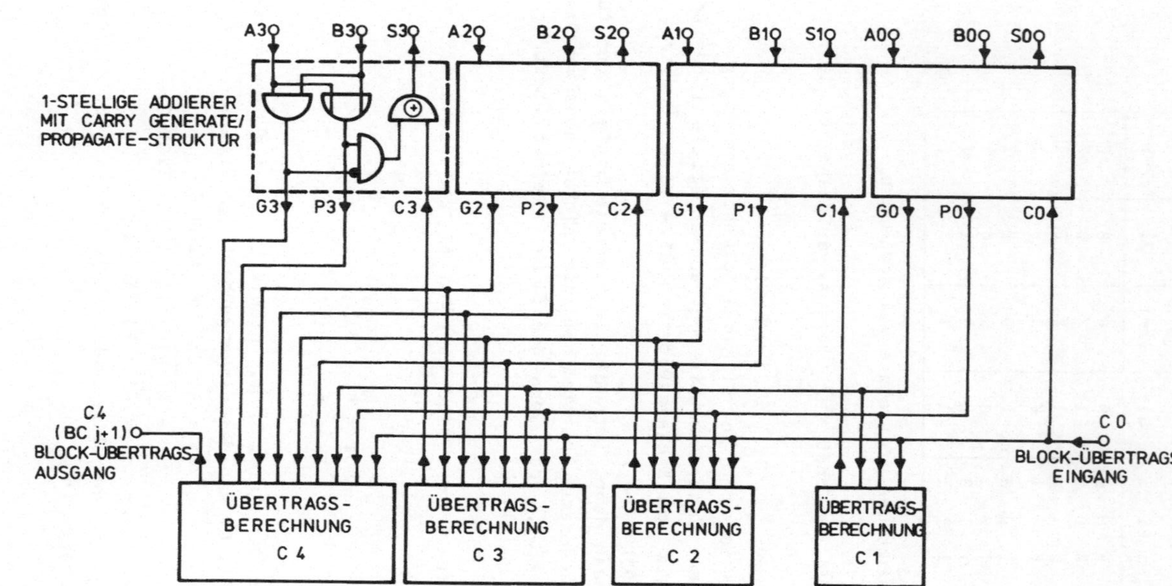

BILD 23: STRUKTUR EINES 4-STELLIGEN DUALADDIERERS

Für die in Bild 23 angegebenen Übertragsglieder C_i erhält man durch Iteration der Gleichung $C_{i+1} = G_i \vee P_i C_i$ folgende Gleichungen:

$$C_1 = G_0 \vee P_0 \cdot C_0$$
$$C_2 = G_1 \vee P_1 \cdot C_1$$
$$ = G_1 \vee P_1 G_0 \vee P_1 P_0 C_0$$
$$C_3 = G_2 \vee P_2 \cdot C_2$$
$$ = G_2 \vee P_2 G_1 \vee P_2 P_1 G_0 \vee P_2 P_1 P_0 C_0$$
$$BC := C_4 = G_3 \vee P_3 \cdot C_3$$
$$ = G_3 \vee P_3 G_2 \vee P_3 P_2 G_1 \vee P_3 P_2 P_1 G_0 \vee P_3 P_2 P_1 P_0 C_0$$

Die letzte Gleichung gibt den Block-Übertrag BC_{j+1} des 4-stelligen Teil-Addierwerks Nr.j wieder. Diese Gleichung läßt sich wiederum wie vor in zwei Teilfunktionen aufspalten:

$$BC_{j+1} = BG_j \vee BP_j \cdot BC_j \qquad (BC_j = \text{Block-Übertrags-Eingang})$$

wobei BG_j, BP_j Block-Carry-Generate- bzw. -Propagate-Funktionen darstellen. Man erhält damit:

$$BP_j = P_3 P_2 P_1 P_0$$
$$BG_j = G_3 \vee P_3 G_2 \vee P_3 P_2 G_1 \vee P_3 P_2 P_1 G_0$$

Die entsprechende Schaltung zeigt Bild 24. Der gestrichelte Teil der Schaltung wird als integrierter Carry-Look-Ahead-Generator (Typbezeichnung 74182) hergestellt.

Faßt man die Schaltungen gemäß Bild 23 und 24 zusammen (Bild 25, dabei sind keine Block-Propagate/Generate-Ausgänge vorgesehen), so erhält man einen 4 Bit-Addierer mit schneller Übertragsverarbeitung (Typ 7483A).

Aus dem Volladdierer gemäß Bild 25 läßt sich nun durch Anbringen von 3 Modifikationen eine 4 Bit-ALU ableiten. Die Änderungen betreffen:
- Übertragsverarbeitung
- Umschaltmöglichkeit zwischen ´arithmetischen´ und ´logischen´ Funktionen
- Modifikation der Eingangsvariablen.

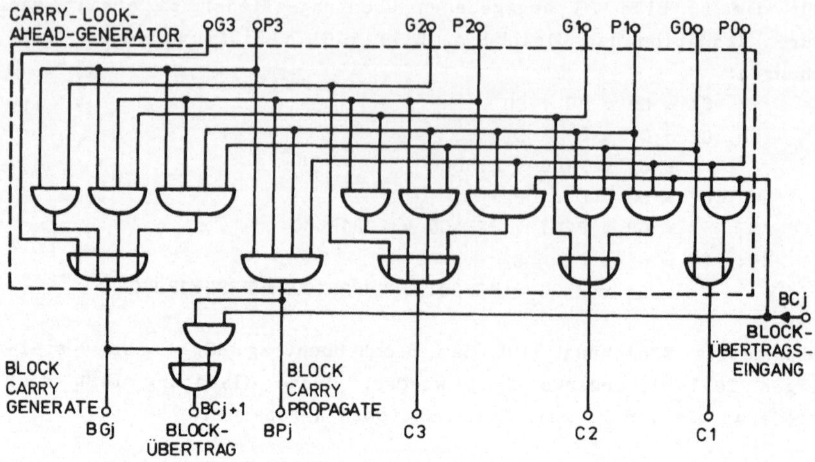

Bild 24: 4-stelliger Carry-Look-Ahead-Generator

Um diese Modifikationen zu erläutern, betrachten wir die in Bild 26 gezeigte einfache 4-Bit-ALU.

- <u>Übertragsverarbeitung</u>

  Es werden die Block-Carry-Generate/Propagate-Funktionen zusätzlich zum Block-Übertrags-Ausgang (wie in Bild 24) eingebaut.

- <u>Umschaltung zwischen arithmetischen und logischen Funktionen</u>

  Wenn man in einem Volladdierer gemäß Bild 25 die Überträge zwischen den einzelnen Stellen blockiert, z.B. durch die in Bild 26 eingefügte ´Mode Control´-Leitung (M = High setzt alle C_i = High), realisiert der ´Addierer´ stellenweise eine logische Funktion der Variablen A_i und B_i. Im vorgegebenen Beispiel ist es die Funktion

$$S_i = \overline{\overline{A_i B_i} \ (A_i \vee B_i)}$$

$$= A_i \ \text{EXOR} \ B_i$$

$$= A_i \ \text{AEQUIV} \ B_i \quad (\text{Äquivalenz})$$

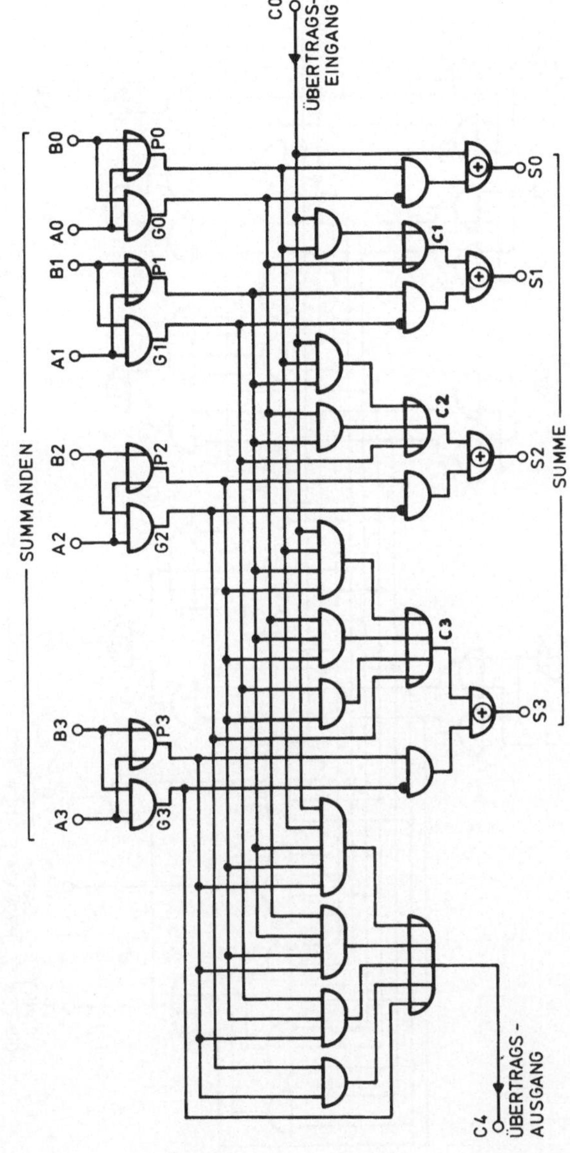

BILD 25: 4-BIT-VOLLADDIERER MIT SCHNELLER ÜBERTRAGSVERARBEITUNG

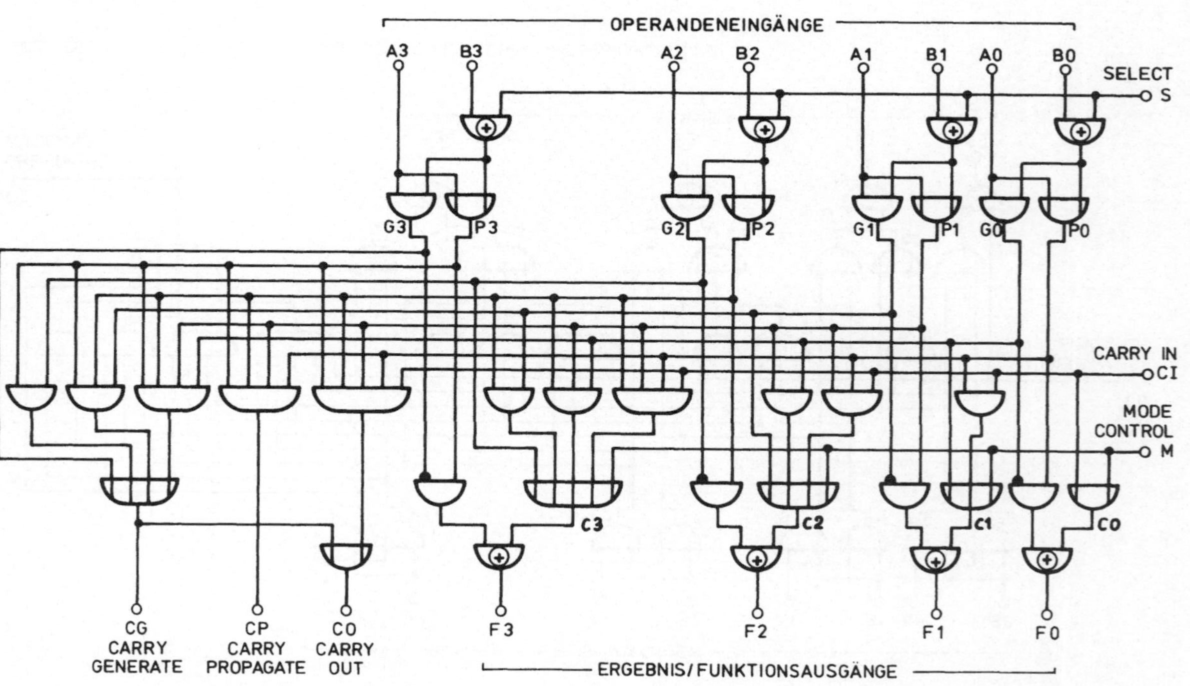

BILD 26: EINFACHE 4 - BIT - ALU

- Modifikation der Eingangsvariablen

Die Zahl der realisierbaren Funktionen läßt sich weiter ver-
größern, wenn man die Eingangsvariablen modifiziert oder andere Hilfsfunktionen anstelle der Pi und Gi erzeugt. Als Beispiel ist in Bild 26 eine ´Select´-Leitung angegeben, die es
über ein EXOR-Gatter ermöglicht, die Eingangsvariable Bi zu
invertieren. Zusammen mit der ´Mode Control´-Leitung erlaubt
die ´Select´-Leitung die Auswahl von 4 Funktionen:

M = 1 (Logische Funktionen, Überträge gesperrt)
$$S = 0 \quad : \quad Si = Ai \text{ AEQUIV } Bi$$
$$S = 1 \quad : \quad Si = Ai \text{ EXOR } Bi$$

M = 0 (Arithmetische Funktionen, Überträge freigegeben)
$$S = 0 \quad : \quad S = A \text{ plus } B$$
$$S = 1 \quad : \quad S = A \text{ minus } B$$

Bei den als integrierten Bausteinen erhältlichen ALU´s sind im
allgemeinen mehrere ´Select´-Leitungen vorgesehen; bei dem Baustein 74181 sind es vier Leitungen. Bild 27 gibt das Schaltnetz
für eine Binärstelle wieder. Diese Schaltung kann bei M = 1 alle 16 möglichen logischen Funktionen der 2 Variablen Ai und Bi
bilden; für M = 0 entstehen 16 (teilweise exotische) ´arithme-
tische´ Funktionen (vgl. Datenblatt des 74181).

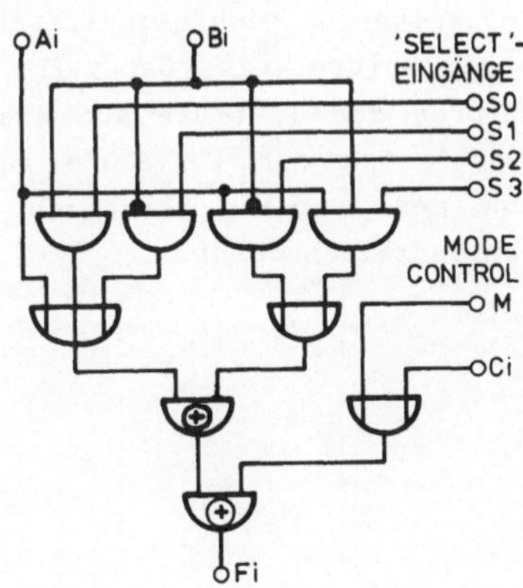

Bild 27: ALU 74181,
Eingangsschaltung

Zusammenschaltung mehrerer ALU´s

Die Zusammenschaltung mehrerer ALU´s zur Vergrößerung der verarbeiteten Wortbreite kann mit zwei verschiedenen Übertragsverarbeitungen geschehen:
- durchlaufender Übertrag (Ripple Carry)
- schnelle Übertragsverarbeitung mit Carry-Look-Ahead-Generator(en) (Bild 28)

Im ersten Fall werden die Carry-In- und Carry-Out-Pin´s der ALU´s miteinander verbunden. Die Verzögerungszeiten zur Bildung der einzelnen Block-Überträge addieren sich. Bei einer 16-Bit-ALU dieser Struktur beträgt die Durchlaufzeit des höchsten Übertrags 10 Gatter-Laufzeiten.

Im zweiten Fall werden die Carry-Propagate/Generate-Ausgänge der ALU´s verwendet; sie werden mit den entsprechenden Eingängen eines nachgeschalteten Carry-Look-Ahead-Generators verbunden. 4 ALU´s lassen sich so mit einem CLA-Generator zu einer 16-Bit-ALU mit schneller Übertragsverarbeitung zusammenschalten. In diesem Fall beträgt die Durchlaufzeit des höchsten Übertrags bei einer 16-Bit-ALU nur 6 Gatter-Laufzeiten. Diese Struktur läßt sich auch für größere Wortbreiten anwenden: Für die Verarbeitung von 64-Bit-Worten werden 4 Blöcke gemäß Bild 28 mit einem weiteren nachgeschalteten CLA-Generator zusammengefaßt. Dabei werden die Carry-Propagate/Generate-Ausgänge der CLA-Generatoren der 1. Stufe auf die Propagate/Generate-Eingänge des CLA-Generators der 2. Stufe geschaltet. Die Durchlaufzeit zur Bildung des höchsten Übertrags (263) erhöht sich lediglich um 2 Gatterlaufzeiten auf 8.

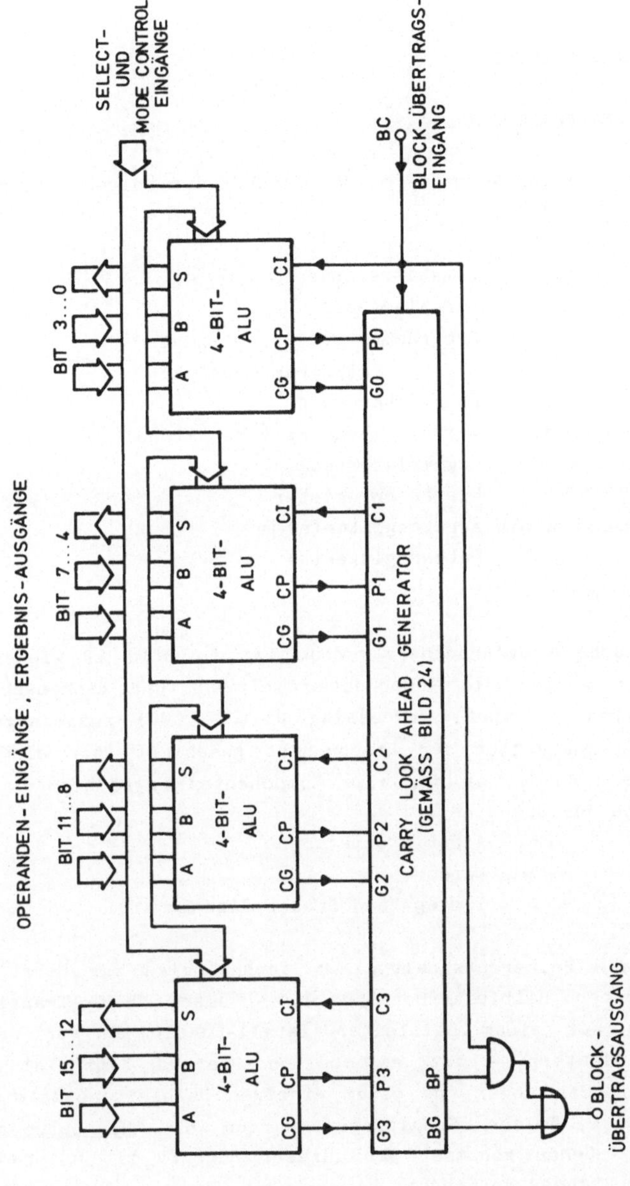

BILD 28: 16-BIT-ALU MIT SCHNELLER ÜBERTRAGSVERARBEITUNG

3 Mikroprozessoren

3.1 Begriffsbestimmung

Der klassische von Neumann-Rechner besteht aus folgenden Komponenten (vgl. z.B. /3/):

```
Leitwerk mit        Befehlsregister
                    Befehlsdecoder
                    Programm- oder Befehlszähler
                            (Program Counter)
                    Ablaufsteuerung
Rechenwerk mit      Arithmetisch-logischer Einheit
                    Akkumulator(en)
                    Operandenregister
Speicherwerk mit    Adreßregister(n)
                    Datenregister(n)
Ein/Ausgabe-Werk(e)
```

Eine typische Prozeßrechnerstruktur ist in Bild 29 wiedergegeben. Dabei werden die Komponenten Leitwerk und Rechenwerk zur Zentraleinheit (Central Processing Unit - CPU) zusammengefaßt, und die Kommunikation der Komponenten geschieht über eine Sammelschiene ('Bus'), an die alle Komponenten angeschlossen sind. Die Signale des Bus sind:

```
                    Adreßinformation
                    Daten
                    Timing- und Steuer-Signale
```

Aufgrund der Weiterentwicklung der Technologien zur Herstellung elektronischer Halbleiterschaltungen - über 20000 Transistorfunktionen auf einem Halbleiterkristall-Scheibchen von wenigen Quadratmillimetern - ist es möglich, Rechner-Zentraleinheiten in wenigen oder sogar nur einem einzigen Halbleiterbaustein unterzubringen. Solche Schaltungen werden als Mikroprozessoren bezeichnet. Genau genommen wird dieser Begriff mit unterschiedlichen Bedeutungen verwendet:

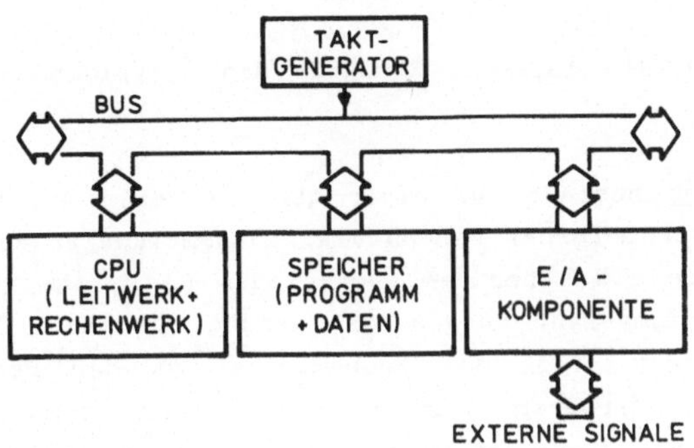

Bild 29: Typische Struktur eines Prozeßrechners

- Slice-Mikroprozessoren

  Es handelt sich um - meistens 4 Bit breite - Rechenwerks-´Schei-
  ben´. Aus diesen Prozessorelementen läßt sich durch Hinzufügen
  weniger weiterer Bauelemente eine komplette Zentraleinheit
  beliebiger Wortbreite aufbauen.

- One-Chip-Mikroprozessoren

  Es handelt sich um komplette Zentraleinheiten auf einem Chip.
  Die Wortbreite ist fest und beträgt 4, 8, 12 oder 16 Bit.

In diesem Text wird ein Rechner, dessen CPU ein Mikroprozessor
ist, als Mikrorechner bezeichnet.

In den folgenden Abschnitten werden zunächst einige Konzepte
beschrieben, die sowohl für Slice-Prozessoren als auch für One-
Chip-Prozessoren von Bedeutung sind. Anschließend werden in den
Kapiteln 4 und 5 anhand von Beispielen die beiden Typen von Mikroprozessoren detailliert behandelt.

3.2 Allgemeine Struktur einer Zentraleinheit

Bild 30 zeigt die logische Struktur einer typischen Zentraleinheit (CPU).

Das <u>Rechenwerk</u> besteht aus einer ALU, mehreren Arbeitsregistern und Multiplexern. Ferner werden die Statusmeldungen der ALU (Status Flags) wie z.B. Übertrag, Vorzeichen usw., die vom Leitwerk für den Programmablauf ausgewertet werden, in einem <u>Status-Register</u> gespeichert. Teil des Rechenwerks ist der <u>Befehls-</u> oder <u>Programmzähler</u> (Program Counter - <u>PC</u>), der normalerweise die Adresse des nächsten abzuarbeitenden Programmschritts enthält. Er wird im Normalfall während jeder Befehlsbearbeitung inkrementiert. Zur Ausführung eines Befehls wird der Inhalt des Programmzählers ins <u>Adreßregister</u> geladen und der so adressierte Befehl aus dem Speicher geholt. Im allgemeinen ist der Programmzähler nicht die einzige Adreßquelle in einer Programmbearbeitung; z.B. kann der Operand eines Befehls selbst wieder eine Adresse sein, die dann im Adreßregister gespeichert wird.

Das <u>Leitwerk</u> besteht aus dem <u>Befehlsregister</u> und der <u>Ablaufsteuerung</u>. Jedesmal, wenn die Ablaufsteuerung einen neuen Programmschritt beginnt, also eine Programmspeicher-Zelle adressiert wird, die einen Befehlscode enthält, wird der Inhalt dieser Zelle in das Befehlsregister geladen. Das Leitwerk decodiert den Befehlscode und erzeugt sämtliche Steuersignale, die zur Abarbeitung dieses Befehls benötigt werden. Die Bearbeitung eines Befehls durch das Leitwerk erfolgt in der Regel in mehreren Teilschritten, die anschließend in möglichst allgemeiner Darstellung einzeln erläutert werden.

Befehlsabarbeitung in der CPU

Bild 31 zeigt in der Form eines Flußdiagramms den prinzipiellen Ablauf der Abarbeitung eines Befehls in der CPU.

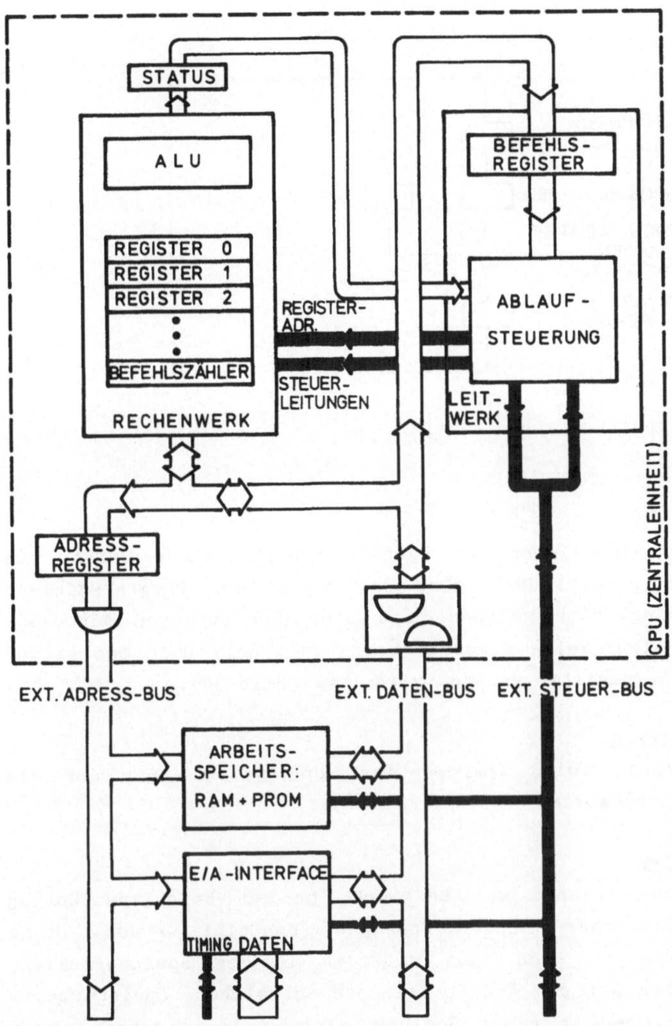

Bild 30: Allgemeine Struktur einer Zentraleinheit

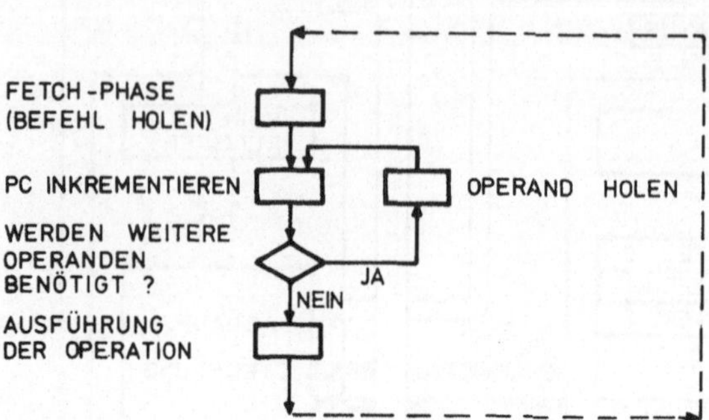

Bild 31: Abarbeitung eines Befehls

Fetch-Phase

In der Fetch-Phase wird der nächste abzuarbeitende Befehl aus
dem Speicher geholt. Dazu wird der Inhalt des Programmzählers
in das Adreßregister geladen, und über den externen Adreß-Bus
wird eine Speicherzelle adressiert, deren Inhalt über den Daten-
Bus ins Befehlsregister geladen wird (vgl. Bild 30).

PC inkrementieren

Der Befehlszähler wird inkrementiert und weist damit auf die
folgende Speicherzelle.

Operanden holen

Am Befehlscode erkennt das Leitwerk, ob zur Befehlsausführung
zusätzlich ein oder mehrere Operanden benötigt werden. Diese
Operanden befinden sich dann entweder in den Speicherzellen,
die unmittelbar auf die den Befehlscode enthaltende Speicherzelle
folgen, oder aber in einer Speicherzelle, deren Adresse in den
Speicherzellen nach dem Befehlscode steht.

Ausführung des Befehls

Wenn alle Operanden abgeholt sind, folgt die Ausführung des Befehls. Diese wird vom Leitwerk gesteuert. Es können gegebenenfalls viele einzelne Schritte erforderlich sein (z.B. bei einer

Multiplikation). Dieser Teil des internen Ablaufs kann also durch-
aus auch eine oder sogar mehrere in sich verschachtelte Wiederho-
lungen enthalten. Nach Ausführung aller dieser Schritte kann
sich der Rechner erneut in einer Fetch-Phase den nächsten Befehl
holen.

Man sieht, daß die Ausführung eines einzigen Befehls so verschie-
denartig sein kann, daß die Konstruktion einer konventionellen
Hardware-Steuerung viel zu aufwendig, schwierig und unübersicht-
lich und dazu noch unflexibel wäre. Daher besteht bei den meisten
Mikroprozessoren das Leitwerk aus einem Mikroprogramm-Steuerwerk,
d.h. jeder Programmschritt des auszuführenden Programms (´Makro-
programm´) wird in Form eines Mikroprogramms abgearbeitet. Diese
Technik bietet dem Konstrukteur des Mikroprozessors den großen
Vorteil, daß die Implementierung eines neuen Befehls aus dem
Hinzufügen neuer Mikroprogrammelemente bzw. der Festlegung neuer
Mikroprogrammfolgen besteht. Damit lassen sich aber auch für
Spezialanwendungen besondere Befehle definieren, die z.B. wegen
häufiger Anwendung den Programmlauf in diesem Spezialfall wesent-
lich verkürzen.

3.3 Externe Bus-Struktur

Ein Mikroprozessor (CPU) der beschriebenen Art muß um eine Reihe
weiterer Komponenten ergänzt werden, um zu einem einsatzfähi-
gen Mikrorechner zu werden. Bild 29 zeigte die dazu mindestens
erforderlichen Baugruppen.

Jeder Mikroprozessor benötigt für den Betrieb mindestens ein
Taktsignal, oft handelt es sich um einen zweiphasigen Takt. Zur
Aufnahme des zu bearbeitenden Programms und der dabei anfallenden
Daten ist ein Speicher erforderlich, über dessen Art und Aufbau
in Kap. 1 und 2 berichtet wurde. Zur Kommunikation mit dem Anwender bzw. mit dem zu überwachenden, zu steuernden oder zu re-
gelnden Prozeß ist schließlich der Austausch von Information
notwendig.

In einem konkreten Anwendungsfall müssen die genannten Baugruppen in größerer Zahl miteinander zu einem Mikrorechner zusammen-
geschaltet werden. Dabei entspricht es dem Stand der Technik,
das auch schon in Bild 29 angedeutete Verfahren der Verbindung
aller Baugruppen über eine Sammelschiene ('Bus') zu verwenden.
Praktisch alle derzeit verfügbaren Mikroprozessoren verwenden
das Bus-Konzept, wobei alle Signale gemäß Bild 32 in einen Da-
ten-, einen Adreß- und einen Steuerbus eingeteilt werden können.

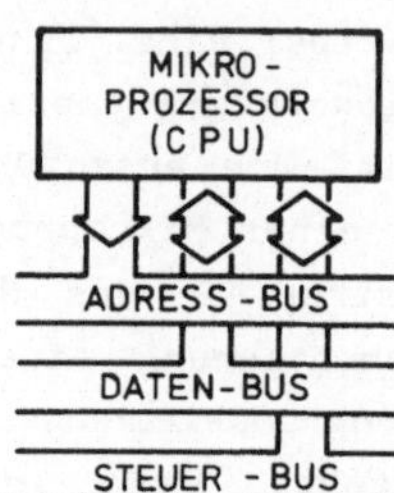

Bild 32: Mikroprozessor-
        Bus-Struktur

Während bei der Verwendung von Slice-Prozessoren jeder Anwender frei ist, einen eigenen Bus zu definieren, sind bei den One-
Chip-Prozessoren die Bus-Spezifikationen durch den Hersteller
im wesentlichen vorgegeben. Diese Spezifikationen unterscheiden sich bei den verschiedenen Mikroprozessoren teilweise erheb-
lich. Zwar unterscheiden sie sich meist nur wenig bezüglich der
Zahl der Daten- und Adreßleitungen. Sie sind aber in Art und
Zahl der Steuersignale und im Zeitverhalten des Bus-Systems,
im Bus-Timing, höchst unterschiedlich. Das hat notwendigerwei-
se dazu geführt, daß jeder Mikroprozessor-Hersteller eine 'Familie' von Bauelementen anbietet, die exakt an das Bus-System
seines Mikroprozessors angepaßt sind. Mit der Wahl eines Mikroprozessors legt sich damit der Anwender auch bezüglich aller
anderen Komponenten eines Mikrorechner-Systems fest, denn nur
in Ausnahmefällen ist die Verwendung von Bauelementen anderer
Hersteller ohne zusätzlichen Schaltungsaufwand möglich. Zu diesen Ausnahmen zählen praktisch nur einige Halbleiterspeicher.

Datenbus und Adreßbus sind bei den meisten Mikroprozessorsystememen voneinander getrennt. Nur selten werden physikalisch dieselben Leitungen im Zeitmultiplexbetrieb verwendet. Der Datenbus ist bidirektional, d.h. es können mehrere Datenquellen und mehrere Datensenken angeschlossen sein. Die Treiberstufen der Datenquellen sind in der Regel 3-State-Treiber /2/; das sind Treiber, die niederohmig sowohl in den ´High´-Zustand als auch in den ´Low´-Zustand schalten können und einen dritten, hochohmigen Zustand annehmen können, in dem beide Ausgangstransistoren gesperrt sind. Sämtliche Datenquellen in einem Mikrorechnersystem haben den hochohmigen Zustand als ´Ruhelage´, und zu einem Zeitpunkt darf auch immer nur eine Datenquelle Informationen auf den Datenbus legen.

In der überwiegenden Zahl der Anwendungen von Mikrorechnern ist der Mikroprozessor selbst die einzige Baugruppe, die Adreßinformationen auf den Adreßbus legen kann. In allen anderen Baugruppen sind dann nur Empfängerschaltungen mit dem Adreßbus verbunden. Für spezielle Anwendungen werden jedoch Mikrorechnersysteme benötigt, in denen der Speicherzugriff auch durch andere Baugruppen als den Mikroprozessor möglich ist (sog. Direct Memory Access - DMA, vgl. Abschnitt 3.8). Da dann neben dem Mikroprozessor mindestens eine weitere Quelle von Adreßinformationen vorhanden ist, sind die Treiberstufen für die Adreßinformationen in den Mikorprozessoren ebenfalls als 3-State-Treiber ausgeführt.

3.4 Programmiersprachen für Mikroprozessoren

Wie jeder Rechner wird auch ein Mikroprozessor von einem Programm gesteuert. Ein Programm ist eine Folge von Anweisungen, die der Prozessor in vorgegebener Reihenfolge liest und daraufhin ausführt.

Mikroprogramm, Makroprogramm

Ein typischer Mikroprozessor hat physikalisch zwei Ebenen, auf denen er programmgesteuert arbeitet:

- <u>Makroprogramm</u>

  Es handelt sich um die Anweisungen, die der Benutzer des Prozessors zur Lösung einer Aufgabe in den Arbeitsspeicher des
  Mikrorechners gebracht hat ('Anwenderprogramm'). Dieses Programm steht dem Prozessor in maschinenlesbarer Form als Binär-
  daten zur Verfügung.

- <u>Mikroprogramm</u>

  Es handelt sich um die Anweisungen, die der Konstrukteur der
  CPU im Mikroprogrammspeicher des Leitwerks abgelegt hat. Jeder Befehl des Makroprogramms, den der Prozessor aus seinem
  Arbeitsspeicher liest, wird in mehreren Mikroprogramm-gesteu-
  erten Schritten wie oben beschrieben abgearbeitet. Mikroprogramm und Makroprogramm sind fast immer in getrennten Speichern untergebracht. Der Mikroprogrammspeicher, der logisch
  innerhalb der CPU liegt, hat meistens eine größere Wortbreite
  und muß schneller arbeiten als der externe Arbeitsspeicher.
  Der Mikroprogrammspeicher ist bei aus Slices aufgebauten Prozessoren zugänglich und vom Anwender programmierbar. Bei One-
  Chip-Prozessoren ist er - mit wenigen Ausnahmen - für den Anwender nicht zugänglich, d.h. die große Mehrzahl dieser Prozessoren arbeitet mit festem Befehlsvorrat.

Programmiersprachen

Das vom Anwender zu schreibende Makroprogramm muß in einer geeigneten 'Programmiersprache' abgefaßt werden. Für den Einsatz
von Mikroprozessoren sind im wesentlichen 3 Ebenen von Programmiersprachen von Bedeutung:

- Maschinencode (Object Code)
- Assemblersprache (maschinenorientierte Sprache)
- Höhere Programmiersprache (problemorientierte Sprache,
  maschinenunabhängige Sprache)

Der <u>Maschinencode</u> besteht aus Binärmustern, die der Prozessor als Befehle oder Daten interpretiert. Der Prozessor ´versteht´ ausschließlich diesen Code. Ein Maschinencode-Befehl besteht aus einem oder wenigen im Speicher aufeinanderfolgenden Binär-Worten.

Eine <u>Assemblersprache</u> besteht aus abkürzenden, gedächtnisstütz-enden Ausdrücken, die im wesentlichen jeweils einem Maschinen-befehl entsprechen. Assembler-Befehle können nicht unmittelbar von einem Prozessor ausgeführt werden. Sie müssen von einem Über-setzungsprogramm, dem <u>Assemblierprogramm</u> (oder kurz: ´Assembler´) in Maschinencode umgesetzt werden.

Eine <u>höhere</u> <u>Programmiersprache</u> besteht aus Anweisungen, die in ihrer Schreibweise eng an die formelhafte mathematische Schreib-weise angelehnt sind und die - wie eine natürliche Sprache - einen Vorrat an Worten verwenden und grammatikalischen Regeln folgen. Für einige Mikroprozessoren sind ´abgemagerte´ Versio-nen der Sprachen BASIC, FORTRAN, PL/1 verfügbar. Programme, die in einer solchen Quell-Sprache geschrieben sind, müssen zunächst in Maschinencode umgesetzt werden, bevor sie vom Mikrorechner ausgeführt werden können. Dies kann in zweierlei Weise geschehen:
- das Anwenderprogramm wird einmal durch ein <u>Compiler-Programm</u> übersetzt und in Maschinencode-Form im Arbeitsspeicher abge-legt.
- das Anwenderprogramm wird in unveränderter Quell-Sprach-For-mulierung im Arbeitsspeicher abgelegt, und ein weiteres, im Arbeitsspeicher befindliches Programm, der <u>Interpreter</u>, ent-schlüsselt jede Anweisung und startet eine entsprechende Maschi-nencode-Befehlsfolge (Interpretative Arbeitsweise). Interpreter werden für die Programmiersprache BASIC angeboten.

Bei der Erstellung von Programmen für Mikrorechner in Assembler-schreibweise oder in einer höheren Programmiersprache gibt es zwei unterschiedliche Möglichkeiten, die Assemblierung bzw. Com-pilierung durchzuführen: Entweder läuft das Übersetzungsprogramm auf dem Mikrorechner selbst ab (sog. <u>residente</u> <u>Software</u>) oder die Übersetzung wird auf einem (größeren) Gast-Rechner (Host Computer) unter Verwendung von <u>Cross-Software</u> durchgeführt.

Genau genommen läuft - außer bei BASIC-Interpretern - auch die
´residente´ Software normalerweise nicht auf demselben Prozessor
ab, auf dem das Anwenderprogramm später eingesetzt wird, sondern auf einem Mikrorechner des gleichen Typs, der über einen
hinreichend großen Arbeitsspeicher verfügt. Meistens werden dafür sogenannte Entwicklungssysteme verwendet (vgl. 7.1). Cross-
Software ist normalerweise in maschinenunabhängiger Form als
FORTRAN-Programme verfügbar. In Kapitel 6 wird anhand von konkreten Programmbeispielen auf die Programmierung eines Mikroprozessors näher eingegangen.

3.5 <u>Programmspeicherung, Datenspeicherung</u>

Mikrorechner werden meistens zur Bearbeitung bestimmter, immer
oder zumindest über einen längeren Zeitraum gleichbleibender
Aufgabenstellungen eingesetzt. Dementsprechend bleibt auch das
zur Lösung der Aufgabe erforderliche Rechnerprogramm unverändert.
Mikrorechner verwenden deshalb meistens (P)ROM´s als Programmspeicher.

Der verwendete Speichertyp ist abhängig von der Stückzahl und
der Anwendung. Ein Mikrorechner, der in hohen Stückzahlen z.B.
in der Konsumgüterindustrie eingesetzt werden soll, wird mit
ROM-Elementen ausgerüstet, die vom Bauelemente-Hersteller nach
Kundenangaben ´maskenprogrammiert´ werden. Da die Grundkosten
einer derartigen Fertigung hoch sind, werden in allen anderen
Anwendungsfällen Festwertspeicher eingesetzt, die vom Anwender
selbst elektrisch programmiert werden können (PROM; Programmable ROM). Diese Programmierung ist irreversibel, d.h. Programm-
änderungen können nur über den Einsatz neuer Speicherelemente
erreicht werden. Für die Entwicklungsphase sind Speicher-Bauele-
mente besonders geeignet, die elektrisch programmiert werden
können, deren Speicherinhalt aber z.B. durch Bestrahlung mit
ultraviolettem Licht gelöscht werden kann (RePROM; Reprogrammable
ROM). Da diese Bauelemente heute eine hohe Zuverlässigkeit erreicht haben, d.h. den einprogrammierten Speicherinhalt sehr
lange halten, können RePROM´s auch über die Entwicklungsphase
hinaus in der tatsächlichen Anwendung eingesetzt werden.

Die Speicherung der variablen Daten erfolgt bei Mikrorechnern in Schreib/Lese-Speichern mit wahlfreiem Zugriff (RAM´s). Dafür stehen grundsätzlich die beiden im Abschnitt 1.1 beschriebenen Speichertypen zur Verfügung, nämlich statische Speicher und dynamische Speicher. Statische Speicher sind sehr einfach anzuwenden, haben jedoch eine geringere Packungsdichte als dynamische Speicher, die dafür wegen der Refresh-Maßnahmen einen höheren Schaltungsaufwand erfordern.

Alle erwähnten Speicherelemente sind Halbleiterspeicher. Andere Speichertypen werden in Verbindung mit Mikroprozessoren nur selten eingesetzt.

3.6 Daten-Ein/Ausgabe

Bei Bus-orientierten Mikrorechnern erfolgen Ein/Ausgabe-Operationen meistens über Komponenten, auf die von der CPU über den Bus wie auf Speicherzellen zugegriffen wird; d.h. man verwendet keine speziellen E/A-Befehle sondern alle Transfers werden formal als Speicher-Lese/Schreib-Operationen abgewickelt. Diese Technik wird bei den One-Chip-Prozessoren vor allem durch entsprechende Bus-kompatible E/A-Halbleiter-Bauelemente unterstützt (vgl. Abschnitt 5.2). Bei manchen Mikroprozessoren gibt es aber auch spezielle Ein/Ausgabe-Befehle. Durch eine beliebig ausdehnbare Befehlsablaufzeit können auch langsame Peripherie-Geräte über eine sehr einfache Anschluß-Hardware betrieben werden.

3.7 Programmunterbrechungen

Mikrorechner werden vorwiegend für Echtzeitaufgaben in der Meß-, Steuer- und Regelungstechnik eingesetzt. Das bedeutet, daß sie fähig sein müssen, schnell auf zu beliebigen Zeitpunkten auftretende externe Unterbrechungs-Anforderungen (Interrupt Request, IRQ) mit dem Start entspechender Bearbeitungsprogramme (Interrupt Service Routine) zu reagieren. Mikroprozessoren müssen deshalb über Steuersignaleingänge verfügen, über die eine Unterbrechung des gerade ablaufenden Programms und der Start eines neuen Bear-

beitungsprogramms angefordert werden können. Wie dieses Problem
praktisch konfliktfrei gelöst werden kann, wird in 6.5 näher
dargestellt. Da praktisch jede Mikrorechner-Konfiguration mehr
als eine Quelle von IRQ-Signalen aufweist (schon ein einfaches
E/A-Bauelement kann zwei IRQ-Quellen für die beiden Datenübertra-
gungsrichtungen enthalten), besteht die erste Aufgabe bei der
Bearbeitung des auf einer Bus-Leitung auftretenden, unspezifi-
schen IRQ-Signals in der Ermittlung der zugehörigen IRQ-Quelle,
um das entsprechende Bearbeitungsprogramm starten zu können. Die
Methoden zur IRQ-Identifizierung sind sehr vielfältig und reichen
von der programmierten Suchroutine bis zur Hardware-unterstützten
Erzeugung eines IRQ-Vektors.

3.8 Direkter Speicherzugriff (DMA)

Datenübertragungen zwischen dem Schreib/Lese-Speicher (RAM) und
irgendeinem E/A-Bauelement werden in ihrem Ablauf von der Geschwindigkeit bestimmt, mit der die an das E/A-Bauelement ange-
schlossene Datenquelle oder -senke die Daten liefern bzw. ab-
nehmen kann. In den seltensten Fällen kann davon ausgegangen
werden, daß Mikroprozessor und Externgerät absolut synchron arbeiten. Jede einzelne Datenwortübertragung muß deshalb durch
ein IRQ-Signal vom E/A-Bauelement beim Mikroprozessor angemel-
det werden, der daraufhin entweder ein Datenwort beim E/A-Bau-
element abholt und im Speicher ablegt oder das nächste Datenwort
aus dem Speicher liest, um es anschließend dem E/A-Bauelement
zur Verfügung zu stellen. Wie in 3.7 erwähnt, erfordert die Bearbeitung eines jeden IRQ-Signals zahlreiche Programmschritte.
Bei Datenquellen oder -senken, die Datenübertragungen in schneller Folge erfordern, bedeutet dies eine beträchtliche zeitliche
Belastung des Mikroprozessors und eine entsprechende Verlang-
samung des Hauptprogrammablaufs.

Diese Nachteile können mit einer anderen Übertragungstechnik ver-
mieden werden, bei der der Mikroprozessor weitgehend ununter-
brochen arbeiten kann, die aber einen zusätzlichen Hardware-Auf-
wand erfordert.

Bild 33 zeigt zunächst die Datenübertragungsfolgen bei einer
normalen, programmgesteuerten Leseoperation aus einem E/A-Gerät
(ohne die vorangegangene IRQ-Identifizierung!). Im ersten Schritt
werden die Daten bei der konstanten Adresse A (E/A-Element) gelesen und im Mikroprozessor zwischengespeichert. Im zweiten Schritt
werden dieselben Daten unter der variablen Adresse B im Speicher
abgelegt. Die Aufgabe des Mikroprozessors besteht also im wesentlichen darin, Herkunftsadresse (A) und Zieladresse (B) der Daten
bereitzustellen.

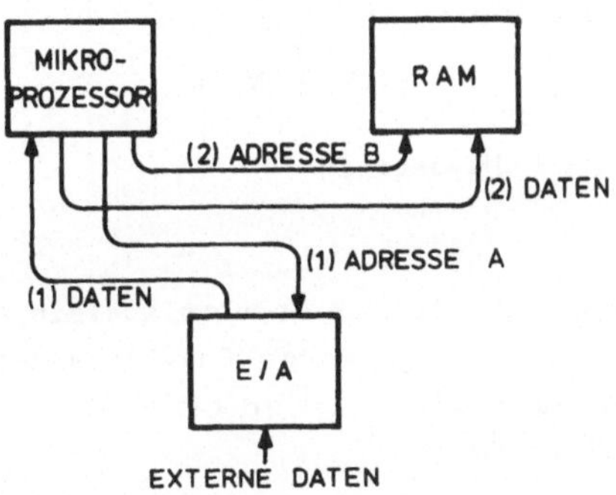

Bild 33: Arbeitsschritte bei einer Programm-gesteuerten Lese-
Operation

Beim direkten Speicherzugriff (DMA, Direct Memory Access) übernimmt eine DMA-Steuerung die Bereitstellung der variablen Ziel-
adresse B aus einem vorher vom Mikroprozessor freigegebenen Adreß-
vorrat (z.B. Anfangsadresse und Blocklänge). Bild 34 gibt die
Abarbeitungsschritte einer DMA-Lese-Operation wieder. Die DMA-
Steuerung veranlaßt den Mikroprozessor, die Bus-Leitungen für
einen Übertragungszyklus freizugeben und initialisiert die Datenübertragung beim E/A-Element. Im DMA-Betrieb wird also der Mikroprozessor kurz angehalten (nicht aber in einem Programmlauf unterbrochen!), und die Daten werden direkt zwischen E/A-Element und
Speicher ohne den Umweg über die Zwischenspeicherung in der CPU
ausgetauscht.

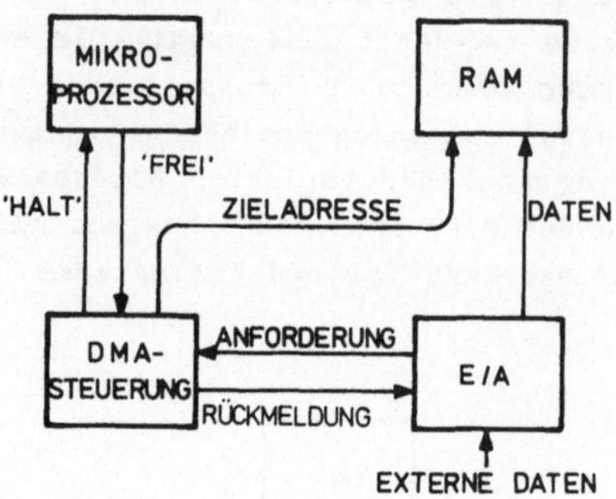

Bild 34: Lese-Operation im DMA-Betrieb

Alle Mikroprozessortypen besitzen Steuersignaleingänge, über
die der Mikroprozessor zur Freigabe der Bus-Leitungen aufgefor-
dert werden kann, was dann über ein weiteres Steuersignal vom
Mikroprozessor bestätigt wird.

4   <u>Prozessoren aus Bit-Slice-Prozessorelementen</u>

Der grundsätzliche Aufbau einer Zentraleinheit aus Rechenwerk
und Leitwerk wurde im Abschnitt 3.2 beschrieben und im Bild 30
dargestellt. In diesem Kapitel wird nun der Aufbau einer Zentraleinheit beschrieben, bei der die ALU einschließlich der Register und Multiplexer - diese Zusammenstellung wird häufig als
RALU bezeichnet - aus einzelnen Scheiben (Slices) zusammenge-
setzt ist, während das in der Regel recht komplexe Leitwerk aus
üblichen integrierten Schaltkreisen aufgebaut ist. Kennzeichen
des hier beschriebenen Leitwerks ist die Mikroprogrammierung
der einzelnen Abläufe. Für einige dieser Abläufe (Bearbeitung
von Makrobefehlen) werden deshalb die entsprechenden Mikroprogramme eingehend beschrieben. Die Beschreibung soll keine Bau-
anleitung für eine CPU aus Slice-Prozessorelementen darstellen:
wo immer es nötig schien, wurden unwichtige Details zugunsten
besserer Verständlichkeit weggelassen. Der Schwerpunkt liegt
auf den Strukturüberlegungen, die dem Leser die Kenntnisse über
den internen Aufbau einer CPU vermitteln, die zum Verständnis
der Funktionsweise notwendig sind, insbesondere im Hinblick auf
die im Kapitel 5 zu behandelnden One-Chip-Prozessoren. Trotz-
dem orientiert sich die Beschreibung an tatsächlich verfügbaren
Bauelementen, und als Beispiel eines Schaltkreises, mit dem der
RALU-Teil eines Mikroprozessors 'scheibchenweise' aufgebaut werden kann, wurde das Bauelement Am 2901 (Advanced Micro Devices)
gewählt. Dementsprechend gliedert sich das Kapitel in folgende
vier Abschnitte:
- Architektur eines Bit-Slice-Prozessorelements (4.1)
- Aufbau eines Rechenwerks aus Bit-Slice-Prozessorelementen (4.2)
- Aufbau einer Zentraleinheit aus Bit-Slice-Prozessor-
  elementen (4.3)
- Beispiel eines Mikroprogramms (4.4)

Die diesen Betrachtungen zugrunde liegende Prozessorstruktur zeigt Bild 35, das einen 16-Bit-Prozessor aus vier 4-Bit-RALU-Scheiben, einem Carry-Look-Ahead-Generator (nur aus Geschwindigkeitsgründen) und einem Leitwerk zeigt.

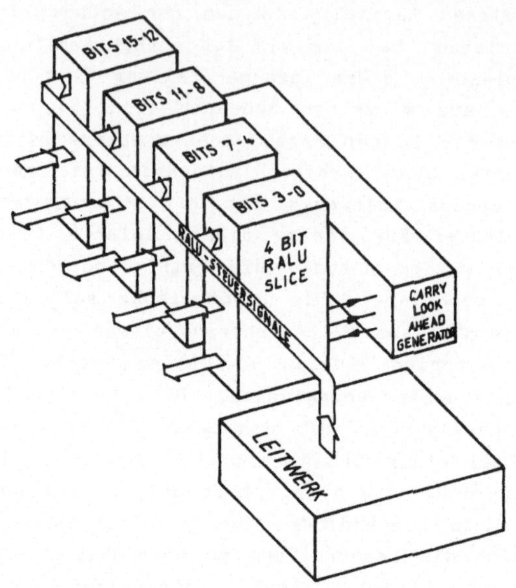

Bild 35: Struktur einer CPU aus 4-Bit-Prozessorelementen

4.1 Architektur eines Bit-Slice-Prozessorelements

Bild 36 zeigt die detaillierte interne Struktur des 4 Bit-Prozessor-Elements Am 2901. Es handelt sich um einen in Low-Power-Schottky-TTL-Technik ausgeführten Baustein, der Kernstück einer Familie von Bausteinen zum Aufbau schneller Prozessoren ist.

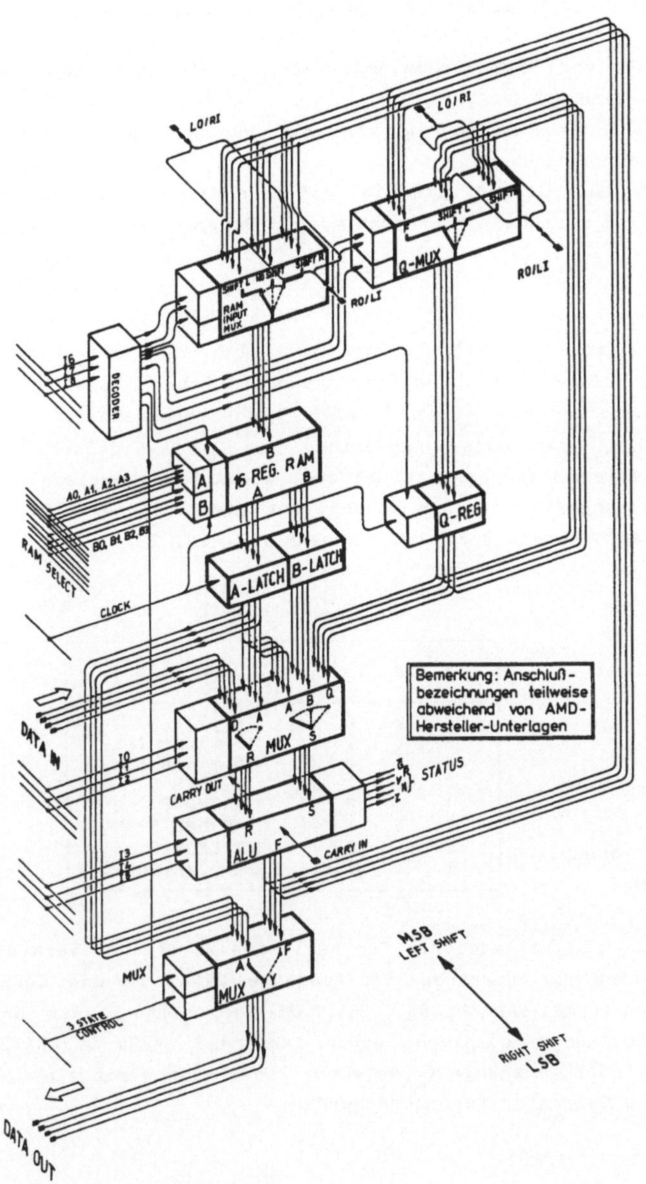

Bild 36: Interne Struktur des Slice-Prozessorelements Am 2901

Er besteht aus folgenden je 4 Bit breiten Baugruppen:
- ALU
- ein Satz von 16 internen Registern, die in einem RAM zusammengefaßt sind
- ein Hilfsregister (Q-Register) zur Durchführung von Multipli-
  kationsoperationen
- mehrere Multiplexer, die die ´Weichenstellung´ für den Informa-
  tionsfluß zwischen den verschiedenen Baugruppen gestatten.

<u>ALU</u>

Kernstück des Prozessorelements ist eine ALU, die 8 verschiedene Operationen mit ihren Eingangsworten R und S ausführen kann.
Diese Operationen sind in Tabelle 3 zusammengestellt. Sie sind
so gewählt, daß unter Ausnutzung der Shift-Eigenschaften und
sequentieller Steuerbefehle weitere, wesentlich komplexere Operationen durchgeführt werden können. Zur Anwahl dieser 8 ALU-Operationen benötigt man 3 Steuerleitungen (I3, I4, I5).

Tabelle 3:
ALU-Funktionen
des Am 2901

I5	I4	I3	ALU-Funktion
0	0	0	R plus S
0	0	1	S minus R
0	1	0	R minus S
0	1	1	R ODER S
1	0	0	R UND S
1	0	1	¬R UND S
1	1	0	R EXOR S
1	1	1	R aequivalent S

Um die ALU als Volladdierer für beliebige Wortlängen verwenden zu
können, sind die Übertrags-Ein/Ausgänge CARRY IN und CARRY OUT
vorgesehen (vgl. Abschnitt 2.3). Um Verarbeitungszeit bei der
Übertragsbildung zu sparen, wurden außerdem CARRY GENERATE- und
CARRY PROPAGATE-Ausgänge vorgesehen. Diese können mit einem Carry-
Look-Ahead-Generator verbunden werden.

STATUS

Für bedingte Sprungbefehle (z.B. ´Springe, falls die Rechenoperation null ergab´ - BEQ, Branch if Equal Zero) sind weitere drei Ausgänge an der ALU vorgesehen, die den STATUS nach der letzten ALU-Operation anzeigen. Es handelt sich dabei um die Ausgänge Z, N, V:

Z (ZERO) ist signifikant, wenn das Ergebnis einer ALU-Operation null ist, d.h. alle F-Bits der ALU null sind. Dieses Signal kann mit den Z-Signalen weiterer Prozessorelemente zu einem Signal ZERO UND-verknüpft werden, das dann erfüllt ist, wenn das gesamte Wort null ist.

N (NEGATIVE) ist signifikant, wenn das MSB (Most Significant Bit) des Ergebnisses der Operation 1 ist. Beim Ketten mehrerer Prozessorelemente wird also nur das N-Bit des höchstwertigen Elements ausgenutzt.

V (OVERFLOW) ist signifikant, wenn das Ergebnis einer Berechnung den Zahlenbereich überschreitet, der durch die 2er-Komplement-Darstellung gegeben ist.

Register-RAM

Die CPU-internen Register sind - außer dem bereits erwähnten Q-Register - in einem 16 Worte umfassenden RAM zusammengefaßt. Es besitzt zwei unabhängige je 4 Bit breite Ausgänge A und B, die durch getrennte Adreßleitungen angewählt werden, d.h. es können gleichzeitig zwei verschiedene RAM-Zellen gelesen werden. Da jeweils 16 Adressen angewählt werden können, wären für 1 Eingang + 2 Ausgänge des RAM je 4 Bit, also insgesamt 12 Bit Adresse als Steuerleitungen erforderlich. Das wäre jedoch nur notwendig, wenn 3 getrennte Adressen simultan angewählt werden müßten. Geht man jedoch davon aus, daß bei einem 2-Operanden-Befehl die Daten in der ALU manipuliert werden und zum Weiterverarbeiten einer der beiden Operanden überschrieben werden kann, so genügen

2 x 4 = 8 Adreßleitungen. Die dazu nötige Zwischenspeicherung außerhalb des RAM übernehmen den Ausgängen zugeordnete Register (LATCH A und LATCH B).

Die ALU-Eingangsmultiplexer

Der R-Eingang der ALU kann durch den R-Multiplexer umgeschaltet werden zwischen:
- direkten Dateneingangsleitungen (D); dieser D-Eingang dient als allgemeiner Dateneingang des Bausteins, über den auch die 16 internen Register geladen werden
- dem zwischengespeicherten A-Ausgang des RAM (Ausgang des A-Latch)
- dem Nullwort (´gesperrter´ R-Eingang)

Der S-Eingang kann durch den S-Multiplexer umgeschaltet werden zwischen:
- dem zwischengespeicherten A-Ausgang des RAM (A-Latch)
- dem zwischengespeicherten B-Ausgang des RAM (B-Latch)
- dem Ausgang des Q-Registers
- dem Nullwort

Von den theoretisch möglichen Kombinationen von ALU-Quell-Operanden wurden 8 Kombinationen, die in Tabelle 4 zusammengestellt sind, ausgewählt. Die Steuerung der Multiplexer erfolgt mit den Steuerleitungen I0, I1, I2.

Steuerleitungen			ALU-Quell-operanden	
I2	I1	I0	R	S
0	0	0	A	Q
0	0	1	A	B
0	1	0	0	Q
0	1	1	0	B
1	0	0	0	A
1	0	1	D	A
1	1	0	D	Q
1	1	1	D	0

Tabelle 4: ALU-Quell-Operanden des Am 2901

Weitere Multiplexer

Der <u>Ausgangs-Multiplexer</u> gestattet es, entweder den Ausgang der ALU oder unmittelbar den A-Ausgang des RAM auf die Daten-Ausgangs-Leitungen zu schalten.

Der <u>RAM-Eingangs-Multiplexer</u> dient zum schnellen Rechts/Links-Schieben um 1 Bit. Zum ´Links´-Schieben wird als Eingang ein entsprechender Ausgang des nächst niederwertigen 4-Bit-Prozessorelements benötigt, zum ´Rechts´-Schieben ein entsprechender Ausgang des nächst höherwertigen 4-Bit-Prozessorelements.

Der <u>Q-Eingangs-Multiplexer</u> gestattet es, das Q-Register aus 3 verschiedenen Quellen zu laden:
- Ausgang F der ALU
- Ausgang des Q-Registers um 1 Bit nach ´links´ verschoben
- Ausgang des Q-Registers um 1 Bit nach ´rechts´ verschoben

Für die Schiebe-Operationen sind - wie beim RAM-Eingangs-Multiplexer - 2 weitere Ein/Ausgänge für die Verkettung mehrerer Prozessor-Elemente nötig.

Die drei beschriebenen Multiplexer werden mit 3 Steuerleitungen (I6, I7, I8) über einen auf dem Chip integrierten Decoder angesteuert. Dieser liefert alle Steuersignale für diese Multiplexer und die Schreib-Steuer-Signale für RAM und Q-Register. Die Wirkung der Steuersignale ist in Tabelle 5 zusammengestellt.

Zwei Beispiele sollen die Tabelle 5 verdeutlichen (Bild 37). In Bild 37a ist (I8,I7,I6) = (0,0,0), d.h. das Q-Register wird mit der ALU-Ausgangs-Information - ohne Schieben - geladen und gleichzeitig liegt am Daten-Ausgang die gleiche Information vor. In Bild 37b ist (I8,I7,I6) = (1,1,1), d.h. der ALU-Ausgang liegt am Datenausgang und wird - um 1 Bit nach links verschoben - ins RAM gespeichert.

Steuerleitungen I8 I7 I6	Wirkung auf das RAM	Wirkung auf das Q-Register	Daten-Ausgang Y
Ø Ø Ø	keine	Laden mit ALU-Ausgang F	ALU-Ausgang F
Ø Ø 1	keine	keine	"
Ø 1 Ø	Laden mit ALU-Ausgang F	keine	Ausgang des A-Latch
Ø 1 1	"	keine	ALU-Ausgang F
1 Ø Ø	Laden mit dem um 1 Bit nach rechts verschobenen ALU-Ausgang F	Laden mit dem um 1 Bit nach rechts verschobenen alten Q-Inhalt	"
1 Ø 1	"	keine	"
1 1 Ø	Laden mit dem um 1 Bit nach links verschobnen ALU-Ausgang F	Laden mit dem um 1 Bit nach links verschobenen alten Q-Inhalt	"
1 1 1	"	keine	"

Tabelle 5: Funktionen der Multiplexer des Am 2901

ALU-Funktionen

Wie oben erwähnt, kann die ALU 8 Operationen - angewählt durch
die Steuerleitungen I3, I4, I5 - durchführen, die auf die Eingänge R und S angewendet werden. Diese erhalten ihre Information,
wie im Bild 36 gezeigt, von den direkten Dateneingängen, den
A- oder B-Latches der Register, bzw. dem Q-Register, was durch
die Steuerleitungen I0, I1, I2 bestimmt wird.

Faßt man die Tabellen 3 und 4 zusammen und ordnet sie nach den
Funktionen, so ergeben sich die Tabellen 6 und 7.

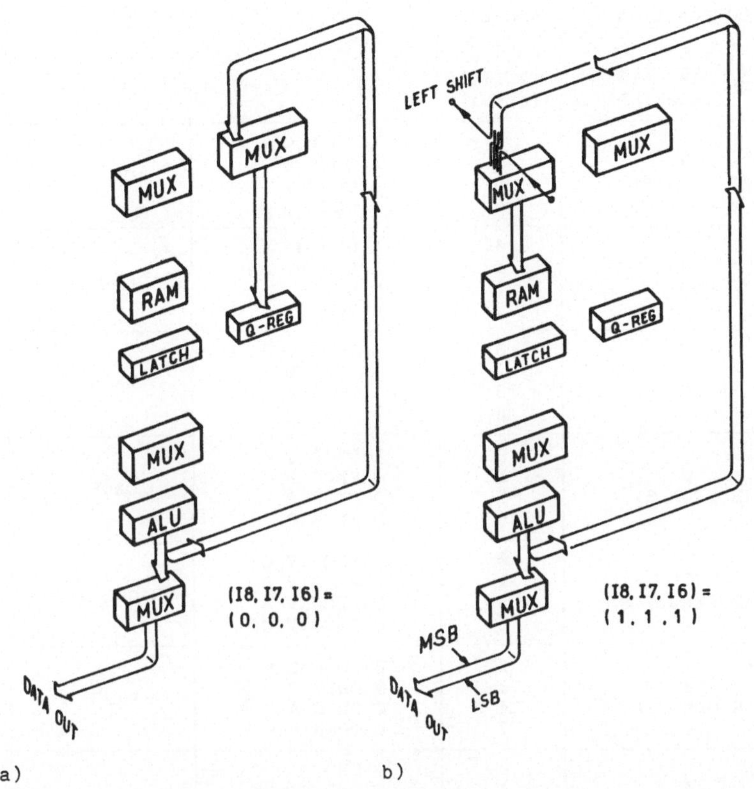

Bild 37: Illustration des Datenflusses innerhalb des Am 2901-
Prozessorelements

Logische ALU-Funktionen

Wir betrachten zunächst die Tabelle 6, die die möglichen logischen Funktionen der ALU aufführt. Die obersten 5 Funktionen
entsprechen 5 logischen Funktionen: R ODER S, R UND S, $\bar{R}$ UND
S, R EXOR S, R AEQUIV S, angewandt auf die durch I0 bis I2 ange-
wählten Quellen A, B, D und Q.

Mikroprogramm-Code		Funktion am ALU-Ausgang F	Funktions-bezeichnung
ALU-Funktion I5　I4　I3 (oktal)	ALU-Ein- gangs- MUX I2 I1 I0 (oktal)		
3 (R ODER S)	0 1 5 6	A ODER Q A ODER B D ODER A D ODER Q	OR
4 (R UND S)	0 1 5 6	A UND Q A UND B D UND A D UND Q	AND
5 (¬R UND S)	0 1 5 6	¬A UND Q ¬A UND B ¬D UND A ¬D UND Q	MASK
6 (R EXOR S)	0 1 5 6	A EXOR Q A EXOR B D EXOR A D EXOR Q	EXOR
7 (R AEQUIV S)	0 1 5 6	A AEQUIV Q A AEQUIV B D AEQUIV A D AEQUIV Q	Aequivalenz
3 (R ODER S)	2 3 4 7	0 ODER Q = Q 0 ODER B = B 0 ODER A = A D ODER 0 = D	PASS
4 (R UND S)	2 3 4 7	0 UND Q = 0 0 UND B = 0 0 UND A = 0 D UND 0 = 0	ZERO
5 (¬R UND S)	2 3 4 7	¬0 UND Q = Q ¬0 UND B = B ¬0 UND A = A ¬D UND 0 = 0!!	----
6 (R EXOR S)	2 3 4 7	0 EXOR Q = Q 0 EXOR B = B 0 EXOR A = A D EXOR 0 = D	PASS
7 (R AEQUIV S)	2 3 4 7	0 AEQUIV Q = ¬Q 0 AEQUIV B = ¬B 0 AEQUIV A = ¬A D AEQUIV 0 = ¬D	INVERT

Tabelle 6: Logische Funktionen der ALU

Wie entstehen nun die weiteren Funktionen? Es wurde in der Beschreibung des ALU-Eingangs-Multiplexers erwähnt, daß an die ALU-Eingänge auch das Nullwort angelegt werden kann. Diese Eigenschaft ergibt die 4 unteren Kästen der Tabelle 6.

Für F = R ODER S mit R = 0 folgt F = S, d.h. unabhängig von R wird S durchgelassen. Diese Funktion wird mit ´PASS´ bezeichnet.

Für F = R UND S mit R = 0 folgt F = 0, diese Funktion wird mit ´ZERO´ bezeichnet.

Für F = $\bar{R}$ UND S mit R = 0 folgt F = S, S wird unverändert durchgelassen. Allerdings wird die vierte Kombination wegen $\bar{0}$ UND 0 = 0 unsystematisch; diese Funktion wird nicht ausgenutzt.

Für F = R EXOR S mit R = 0 folgt F = S, S wird unverändert durchgelassen. Auch diese Funktion wird mit ´PASS´ bezeichnet; sie ist redundant zur obigen.

Für F = R AEQUIV S mit R = 0 folgt F = $\bar{S}$, S wird unabhängig von R invertiert.

Arithmetische ALU-Funktionen

Nach den 5 logischen Funktionen sollen jetzt die 3 arithmetischen Funktionen der ALU betrachtet werden. Dabei ist zu beachten, daß die arithmetischen Funktionen außer von den Steuersignalen noch vom Zustand des CARRY-Eingangssignals abhängen (Tabelle 7). Wie zur Herleitung der Tabelle 6 werden auch hier die Tabellen 3 und 4 zusammengefaßt; es ergibt sich die Tabelle 7. Die zahlreichen möglichen Operationen umfassen insbesondere:
- ADD
- SUBTRACT
- INCREMENT
- DECREMENT
- NEGATE

Mikroprogramm-Code		CARRY IN = 0		CARRY IN = 1	
ALU-Funktion I5 I4 I3	ALU-Ein- gangs- MUX I2 I1 I0				
0 (R + S)	0 1 5 6	A + Q A + B D + A D + Q	ADD	A + Q + 1 A + B + 1 D + A + 1 D + Q + 1	ADD PLUS 1
	2 3 4 7	Q B A D	PASS	Q + 1 B + 1 A + 1 D + 1	INCREMENT
1 (S − R)	0 1 5 6	Q − A − 1 B − A − 1 A − D − 1 Q − D − 1	SUBTRACT 1's COMPL.	Q − A B − A A − D Q − D	SUBTRACT 2's COMPL.
	2 3 4	Q − 1 B − 1 A − 1	DECREMENT 1's COMPLEMENT	Q B A	PASS
	7	− D − 1	NEGATE 1's COMPLEMENT	− D	NEGATE 2's COMPLEMENT
2 (R − S)	0 1 5 6	A − Q − 1 A − B − 1 D − A − 1 D − Q − 1	SUBTRACT 1's COMPL.	A − Q A − B D − A D − Q	SUBTRACT 2's COMPL.
	2 3 4	− Q − 1 − B − 1 − A − 1	NEGATE 1's COMPLEMENT	− Q − B − A	NEGATE 2's COMPLEMENT
	7	D − 1	DECREMENT	D	PASS

Tabelle 7:   Arithmetische ALU-Funktionen

Um die systematisch entwickelten Tabellen 6 und 7, die infolge
der Asymmetrie des ALU-Multiplexers Unregelmäßigkeiten aufweisen,
übersichtlicher zu gestalten, ordnet man sie zweckmäßigerweise
um. Man erhält dann die zum praktischen Mikroprogrammieren zweck-
mäßigere Tabelle 8.

Mikroprogramm-Code I5,4,3 I2,1,0		CARRY IN = 0		CARRY IN = 1	
		Gruppe	Funktion	Gruppe	Funktion
0	0	ADD	A + Q	ADD PLUS 1	A + Q + 1
0	1		A + B		A + B + 1
0	5		D + A		D + A + 1
0	6		D + Q		D + Q + 1
0	2	PASS	Q	INCREMENT	Q + 1
0	3		B		B + 1
0	4		A		A + 1
0	7		D		D + 1
1	2	DECREMENT	Q − 1	PASS	Q
1	3		B − 1		B
1	4		A − 1		A
2	7		D − 1		D
2	2	NEGATE 1's COMPL.	− Q − 1	NEGATE 2's COMPL.	− Q
2	3		− B − 1		− B
2	4		− A − 1		− A
1	7		− D − 1		− D
1	0	SUBTRACT 1's COMPL.	Q − A − 1	SUBTRACT 2's COMPL.	Q − A
1	1		B − A − 1		B − A
1	5		A − D − 1		A − D
1	6		Q − D − 1		Q − D
2	0		A − Q − 1		A − Q
2	1		A − B − 1		A − B
2	5		D − A − 1		D − A
2	6		D − Q − 1		D − Q

Tabelle 8: ALU-Funktionen des Am 2901

4.2 Aufbau eines Rechenwerks aus Bit-Slice-Prozessorelementen

Die Verkettung von Bit-Slice-Prozessor-Elementen des Typs Am 2901
zu RALUs beliebiger Wortlänge geschieht in der in Bild 38 wieder-
gegebenen Form. Dieses Bild zeigt insbesondere, nach welchem
Prinzip das Schieben beliebig langer Worte im RAM-Shifter und im
Q-Shifter realisiert wird. Die Übertragungsverarbeitung in Bild
38 ist ein einfacher durchlaufender Übertrag ('Ripple Carry').

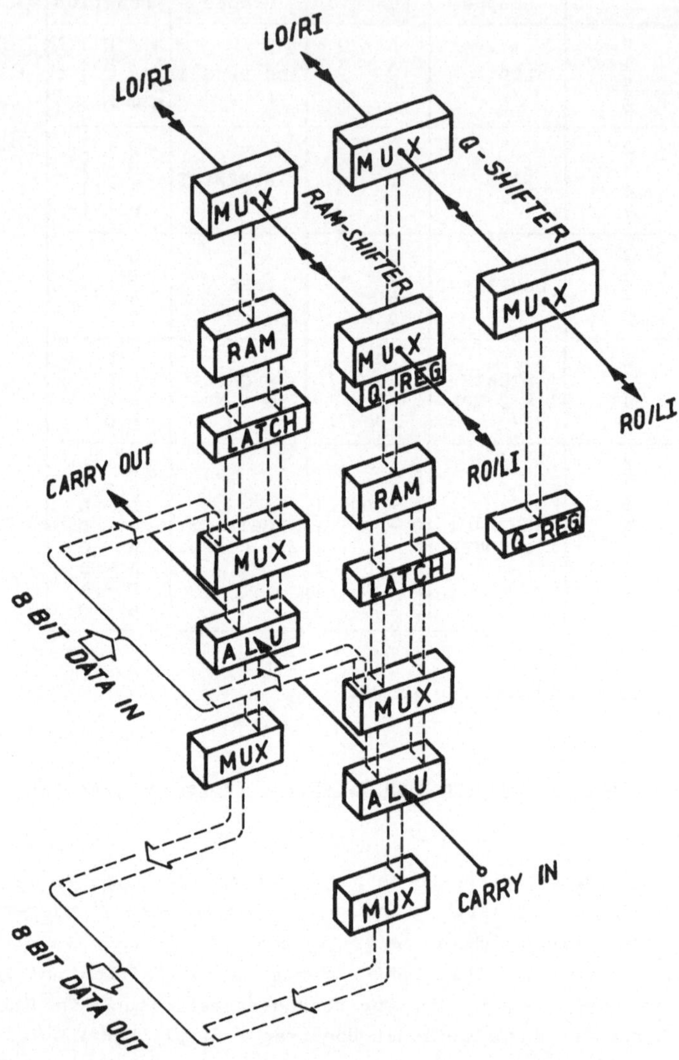

Bild 38: Verkettung von Bit-Slice-Prozessorelementen
des Typs Am 2901

Ausgehend von den bisherigen Überlegungen soll nun im folgenden eine 16-Bit-CPU unter Verwendung von 4-Bit-Slice-Prozessor-Elementen des Typs Am 2901 aufgebaut werden. Bild 39 zeigt zunächst ein Blockschaltbild einer solchen Zentraleinheit; in Bild 40 ist dann das Schaltbild eines 16-Bit-Rechenwerks mit Status-Register und Schiebe-Einrichtung wiedergegeben. Die Schaltung besteht aus 4 Slices Am 2901 mit einem nachgeschalteten Carry-Look-Ahead-Generator (74182), Schiebe-Einrichtung für die 16 RAM-Zellen der RALU und einem Status-Register. *

Das <u>Status-Register</u> umfaßt neben den bereits in 4.1 behandelten Signalen N, Z, V noch zusätzlich ein Carry-Bit (C) und ein Interrupt Mask Bit (IM):

C: 'Carry', Übertrag aus Bit-Position 15
IM: 'Interrupt Mask Bit', dieses Maskierungs-Bit ist unabhängig von der Funktion der ALU. Es kann über eine getrennte Steuerleitung gesetzt werden. Die Funktion des IM-Bits wird später erläutert werden.

Das Status-Register kann wahlweise auch vom Datenbus (Datenleitungen D4...D0) geladen werden. Dabei können 3 Gruppen von STATUS-Bits selektiv geladen werden (Auswahl durch drei Steuerleitungen I14, I13, I12).

Die <u>Schiebe-Einrichtung</u> gestattet die in Bild 41 zusammengestellten Schiebe-Operationen. Insgesamt erhielt die RALU zusätzlich zu den Am 2901 - Steuerleitungen I8...I0 noch sechs weitere Steuersignale I15...I9, die das Leitwerk geeignet generieren muß. Ferner wurde ein 'RALU Enable'-Eingang vorgesehen, der es gestattet, durch Unterbrechen des Takts die gesamte Rechenwerksfunktion zu unterbinden.

---

* Die Schiebe-Einrichtung wurde zur Vereinfachung nur für den 'RAM-Shifter' (vgl. Bild 36) des Am 2901 realisiert, nicht jedoch für den Q-Shifter. Dadurch sind keine Multiplikations- und keine Divisions-Befehle möglich.

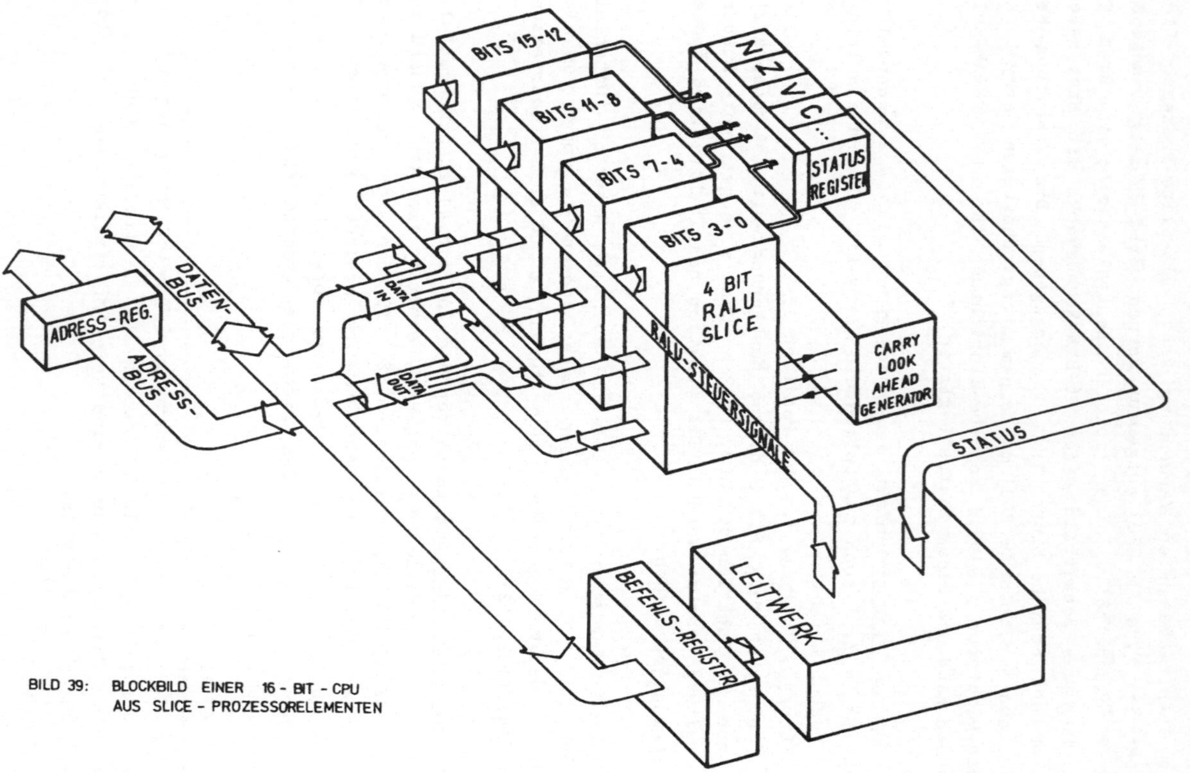

BILD 39: BLOCKBILD EINER 16 - BIT - CPU AUS SLICE - PROZESSORELEMENTEN

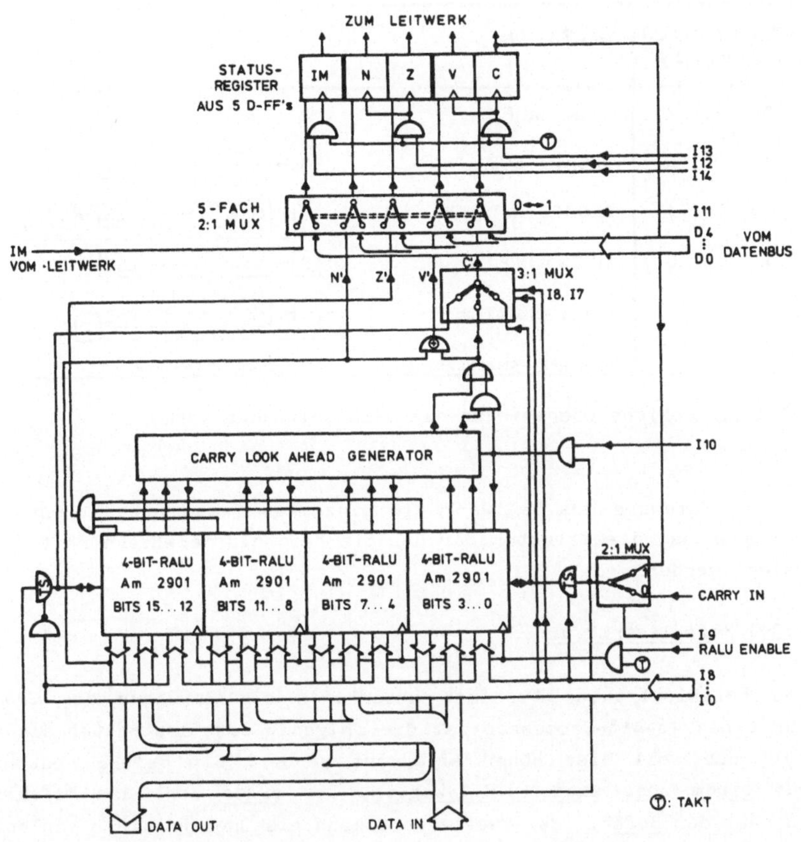

Bild 40: 16-Bit-Rechenwerk aus Prozessorelementen

4.3 Aufbau einer Zentraleinheit aus Bit-Slice-Prozessorelementen

Im folgenden soll eine 16-Bit-CPU gemäß der Struktur in Bild 39
unter Verwendung von 4-Bit-Prozessorelementen des Typs Am 2901
(Bild 36) realisiert werden. Das Rechenwerk wird gemäß Bild 40
aus vier 4-Bit-Slices aufgebaut. Es verfügt dementsprechend über
16 je 16 Bit breite Register, von denen eines eine besondere
Funktion zugewiesen erhält: Register 15 ist der Programmzähler.

STEUERLEITUNGEN I8 I7 I9	OPERATION	
0 X X	KEIN SHIFT	
1 0 0	RECHTS - SHIFT	'0'→ MSB ⟶ LSB → C
1 0 1	RECHTS - ROTATION	MSB ⟶ LSB → C
1 1 0	LINKS - SHIFT	C ← MSB ⟵ LSB ← '0'
1 1 1	LINKS - ROTATION	C ← MSB ⟵ LSB
	MSB: MOST SIGNIFICANT BIT	LSB: LEAST SIGNIFICANT BIT

Bild 41: Schiebe-Operationen des Beispiel-Rechenwerks

Um die Hardware des Leitwerks im einzelnen festlegen zu können, muß zunächst die Struktur der Befehle des Beispiel-Rechners festgelegt werden.

4.3.1 Befehlsstruktur

Die Befehlsstruktur bestimmt wesentlich die Struktur der CPU. Für einen 16-Bit-Prozessor ist die folgende Befehlsstruktur sinnvoll und soll hier näher erläutert werden: Ein Befehl besteht aus einem oder zwei 16-Bit-Worten. Das erste Wort des Befehls enthält den Befehl, das zweite Wort kann als Operand einen Zahlenwert oder eine Adresse enthalten, die für die Ausführung des Befehls benötigt wird. Das Befehlswort selbst besteht aus zwei je 8 Bit langen Teilen - Operations- oder Befehlscode und Registerfeld:

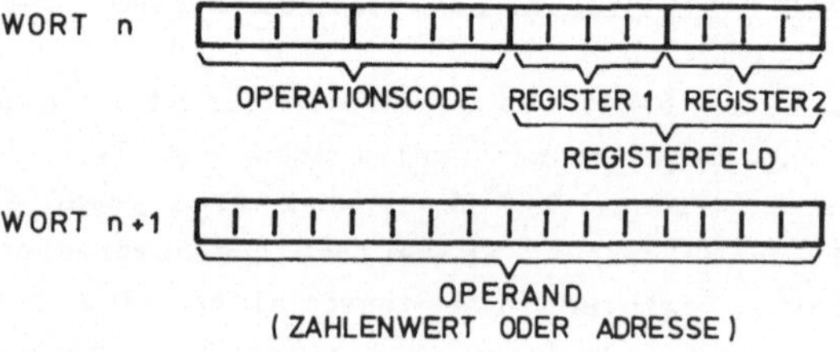

Das Registerfeld des Befehls kann zwei je 4 Bit lange Adressen enthalten, die es gestatten, zwei der internen Register der CPU mit einem Makrobefehl gleichzeitig zu adressieren.

Aus dieser Befehlsstruktur ergeben sich folgende <u>Adressierungs-arten</u> unter der Voraussetzung, daß eins der internen Register – im vorliegenden Fall Register 15 – die Funktion des Programm-zählers übernimmt. Die anderen Register sind frei verwendbar (Rj, Rk seien 4-Bit-Register-Adressen zur Anwahl eines der 16 CPU-internen Register).

<u>Ein-Wort-Befehle</u>

A) Register-Register-Befehle

Op. Code	j	k

j, k $\neq$ 15

In diesem Fall enthält das Registerfeld zwei Register-Adressen. Die Operation bezieht sich auf die Inhalte der Register Rj und Rk.

Beispiel: Addiere den Inhalt von Rk zum Inhalt von Rj,
          Ergebnis nach Rj

B) Ein-Register-Befehl

Op. Code	j	Z

j $\neq$ 15

In diesem Fall enthält das Registerfeld eine interne Register-Adresse j und einen 4-Bit-Zahlenwert Z. Die Operation bezieht sich auf den Inhalt des Registers Rj.

Beispiel: Schiebe den Inhalt des internen Registers Rj
          um Z Bit nach rechts

C) PC-relative Befehle

Op. Code	Offset

Diese Adressierungsart wird für Programmverzweigungen verwendet. Das Registerfeld enthält eine 8‑Bit-Adreß-Modifikation (also im Bereich - 128, + 127)

Beispiel:Programmfortführung mit dem Programmschritt, dessen Adresse sich aus Addition des Offset zum momentanen Programmzählerstand ergibt (´Branch´- Befehle). Die Ausführung dieser Befehle kann von Bedingungen (Status-Bits) abhängig sein.

<u>Zwei-Wort-Befehle</u>

D) Register-relative Befehle (´Indizierte Adressierung´)

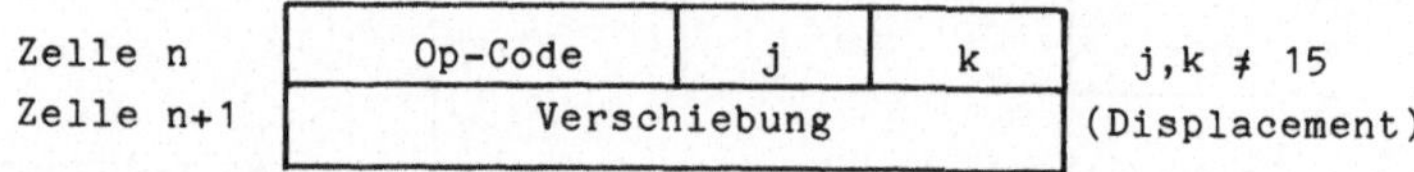

Bei dieser Adressierungsart enthält Rj einen Operanden, Rk hat die Funktion eines Indexregisters: Die Adresse des zweiten Operanden ergibt sich aus dem Inhalt von Rk plus der Verschiebung.

Beispiel:Addiere zum Inhalt von Rj den Inhalt der Zelle, deren Adresse sich aus der Summe der Verschiebung plus dem Inhalt von Rk ergibt; Ergebnis nach Rj

E) Unmittelbare Adressierung (Immediate Addressing)

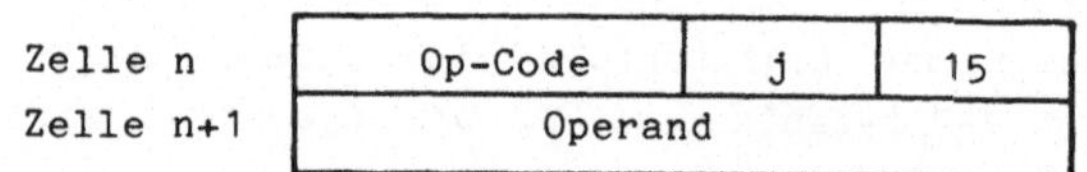

Bei dieser Adressierungsart enthält das Registerfeld eine interne Register-Adresse, die Operation bezieht sich auf den Inhalt des Registers Rj. Die auf das Befehlswort folgende Zelle enthält unmittelbar den Operanden.

Beispiel: Lade den Operanden nach Rj

F) Direkte Adressierung

	Op-Code	j	15
Zelle n			
Zelle n+1	Adresse		

Bei dieser Adressierungsart enthält das Registerfeld eine interne Register-Adresse; die Operation bezieht sich auf den Inhalt des Registers Rj. Die auf das Befehlswort folgende Speicherzelle enthält die Adresse des zweiten Operanden.

Beispiel:Lade den Inhalt der Speicherzelle, deren Adresse im zweiten Wort des Befehls steht, nach Rj

4.3.2 Hardware-Struktur der CPU

Ausgehend von der allgemeinen CPU-Struktur gemäß Bild 30 und unter Verwendung eines Rechenwerks gemäß Bild 40 kann man eine 16-Bit-CPU gemäß Bild 42 angeben. Neben Rechen- und Leitwerk umfaßt die Schaltung drei Register (vgl. Bild 30):
- 16-Bit-Befehlsregister
- 16-Bit-Adreßregister
- 5-Bit-Status-Register

Das Befehlsregister wird jeweils in der Fetch-Phase mit dem 16-Bit-Befehlswort geladen. Davon sind 8 Bit der eigentliche Befehlscode; dieser steuert das Leitwerk. Die 8 Bit des Registerfelds gestatten die Auswahl der beiden Operanden für die RALU-Operation. Das Registerfeld kann auch einen Offset für Verzweigungs-Befehle enthalten. Für diesen Fall kann das Registerfeld auch auf den Datenbus geschaltet werden; es kann dann innerhalb der ALU auf den Programmzähler addiert werden.

Das Adreßregister wird unter Kontrolle des Leitwerks mit den (Makro-)Speicher-Adressen für Programm- oder Daten-Zugriffe auf den Arbeitsspeicher geladen.

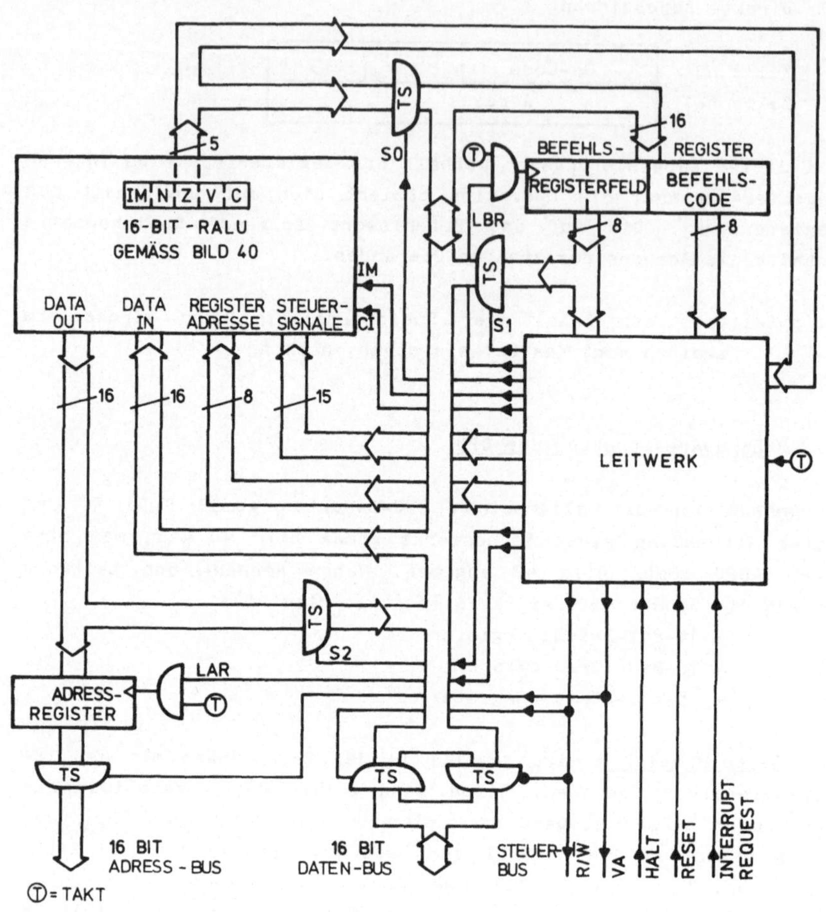

Bild 42: 16 Bit-CPU aus Prozessorelementen

Das <u>Status-Register</u> enthält die Status-Flaggen N, Z, V, C und das ´Interrupt Mask Bit´ IM. IM kann unter Kontrolle des Leitwerks gesetzt oder gelöscht werden. Externe Interrupt-Anforderungen werden nur berücksichtigt, wenn IM = 0.

Das Leitwerk kann je eine von 4 Datenquellen (Status-Register, Registerfeld des Befehlsregisters, RALU-Daten-Ausgang, Daten vom System-Bus) auf den internen Datenbus aufschalten. Die Daten können auf drei Datensenken (Befehlsregister, RALU-Daten-Eingang, Datenausgang zum System-Bus) geschaltet werden. Ferner erzeugt das Leitwerk das System-Bus-Signal R/$\overline{\text{W}}$ (Lesen/Schreiben) und ein Signal VA (´Valid Address´), das den Externkomponenten die Gültigkeit der Signale auf dem Adreß-Bus anzeigt. Das Leitwerk wertet das ´Reset´-Signal und die Interrupt-Anforderungsleitung (IRQ) aus.

4.3.3 Leitwerk

Das Leitwerk hat die Aufgabe, den Inhalt des Befehls-Code-Feldes des Befehlsregisters zu interpretieren und die Steuersignale zu erzeugen, die zur Abarbeitung des Befehls erforderlich sind. Im folgenden soll die Struktur des Leitwerks entwickelt werden. Dazu betrachten wir zunächst die Abarbeitungsphase eines Makrobefehls, d.h. das Makro-Befehlswort sei bereits aus dem Arbeitsspeicher geholt und in das Befehlsregister geladen worden. Wir nehmen zunächst an, daß die Abarbeitung der Makro-Befehle ohne Verzweigungen (Sprünge) auf Mikroprogrammebene ablaufe, d.h. wir betrachten zunächst lineare Mikroprogramme.

Der Operationscode läßt bei 8 Bit Länge maximal 256 verschiedene Makrobefehle zu. Jeder Befehl benötigt im allgemeinen eine unterschiedliche Anzahl von Mikroprogrammschritten. Daher wird der 8 Bit-Befehls-Code zunächst durch ein Start-Adreß-ROM in eine Startadresse für das Bearbeitungs-Mikroprogramm umcodiert (Bild 43). Diese Startadresse wird zu Beginn der Befehlsabarbeitung in den Mikroprogramm-Zähler geladen. Dieser adressiert von da an aufeinanderfolgende Zellen des Mikroprogramm-ROMs. Die Daten-Ausgänge dieses ROM stellen jeweils einen Mikrobefehl dar, d.h. sie steuern direkt die verschieden Gatter, Multiplexer und RALU-Funktionen im Rechenwerk und im Leitwerk (Bild 44). Am Ende jedes Mikroprogramms wird das Befehlsregister aus dem Arbeitsspeicher mit dem Befehlscode des nächsten Makro-Befehls geladen (Fetch-Phase des nächsten Befehls).

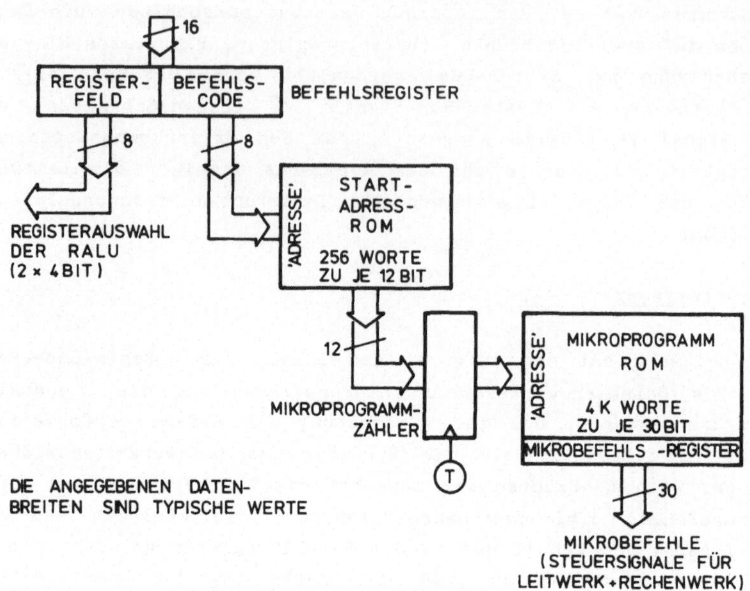

Bild 43: Struktur eines einfachen Leitwerks

Die oben beschriebene einfache Struktur läßt folgende Punkte
außer Betracht:
- Es muß ein definiertes Anfangsverhalten beim Strom-Einschal-
  ten erreicht werden ('Master-Reset')
- Es müssen Vorkehrungen für die Bearbeitung von Programmunterbrechungen (Interrupts) getroffen werden
- Es müssen bedingte Sprung-Makro-Befehle abgearbeitet werden
  können, d.h. das Makro-Programm muß aufgrund des Inhalts des
  Status-Registers Programmverzweigungen zulassen. Das bedeutet,
  daß das zugehörige Mikroprogramm den Inhalt des Mikroprogramm-
  Zählers in Abhängigkeit von den Status-Bits ändern können muß.
Bild 45 gibt die Schaltung eines Leitwerks an, die auf der Struktur von Bild 43 beruht, und die die oben aufgeführten Punkte
berücksichtigt.

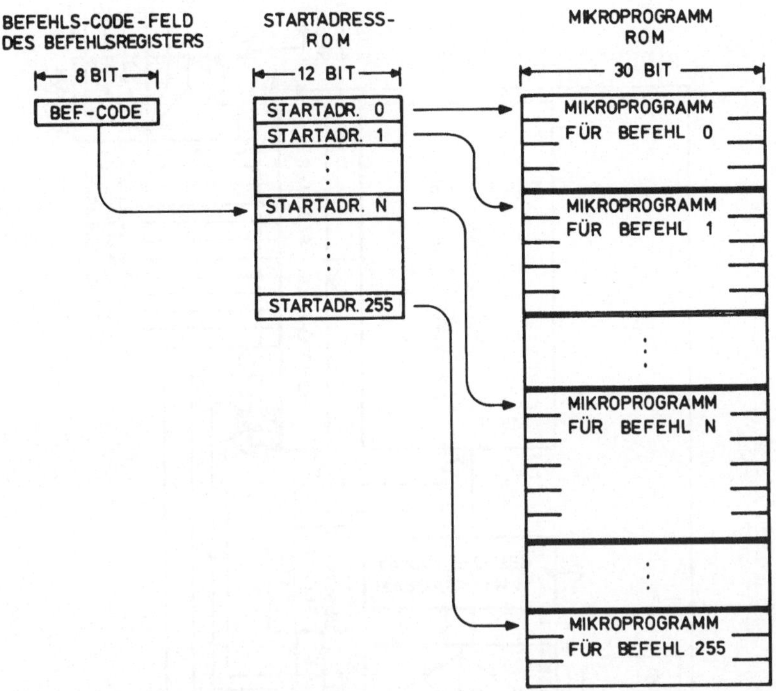

Bild 44: Zur Struktur des Leitwerks gemäß Bild 43

Zunächst wird der Mikroprogramm-Zähler durch ein Mikroprogramm-Adreß-Register ersetzt, auf dessen Eingang über einen 3:1-Multiplexer wahlweise
- eine Makro-Befehls-Startadresse aus dem Startadreß-ROM
- der inkrementierte Inhalt des Mikroprogramm-Adreß-Registers
- eine Mikroprogramm-Sprung-Adresse
geschaltet werden kann.

Weiter erhält das Mikroprogramm-Adreß-Register einen RESET-Eingang. Ein Signal an diesem Eingang 'zwingt' das Mikroprogramm auf die Adresse 0, d.h. es wird eine an dieser Adresse beginnende Startroutine durchlaufen.

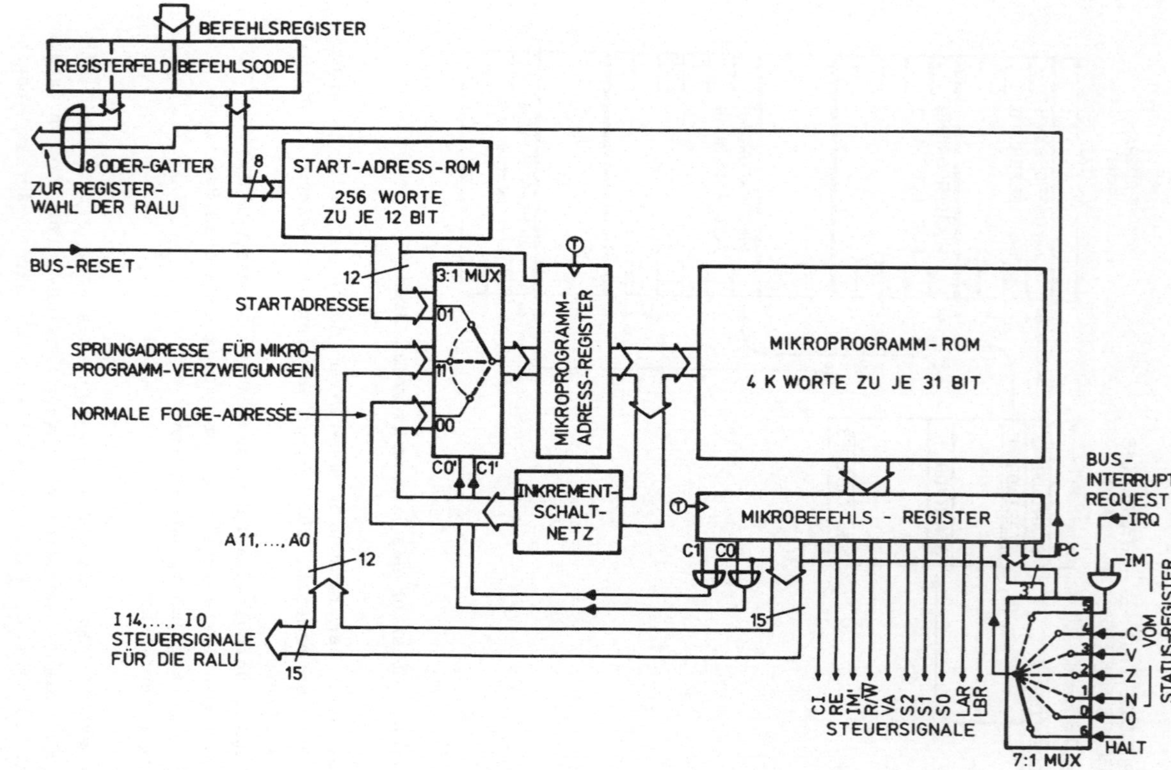

BILD 45:   STRUKTUR DES LEITWERKS

Jedes Bit des Statusregisters kann über einen 7:1-Multiplexer als Bedingung für die Ausführung eines Sprungbefehls getestet werden. Die Anwahl des zu testenden Status-Bits geschieht durch 3 Bit des Mikrobefehlsworts. Bei einem positiven Ausgang des Vergleichs wird die Programmfortführung an einer vom Mikroprogramm gelieferten Sprung-Adresse über eine geeignete Steuerung des Mikroprogramm-Adreß-Multiplexers erreicht.

Das Registerfeld des Befehlsregisters ist nicht mehr unmittelbar auf die Register-Anwahl-Eingänge der RALU geschaltet, vielmehr können durch Setzen eines Bits (´PC´) im Mikrobefehlswort die Anwahlleitungen auf Rj=Rk=15 gezwungen werden. Das geschieht durch 8 zwischengeschaltete ODER-Gatter. Damit kann vom Mikroprogramm der Befehlszähler (R15) adressiert werden.

In Bild 46 ist die genaue Struktur eines Mikrobefehlswortes wiedergegeben, wie sie sich aus der beschriebenen Hardware ergibt.

4.4   Beispiel eines Mikroprogramms

Die folgenden Mikroprogramm-Instruktionen stellen das Mikroprogramm eines kompletten Makrobefehls dar: Fetch-Phase und Ausführungsphase des Befehls:
        Lade das auf den Befehlscode folgende Wort in das CPU-Register Ri (Load Ri immediate)

Die Mikrobefehle sind jeweils so geschrieben, daß teilweise mehrere Bits zu einem Parameter zusammengefaßt sind; dieser Parameter ist dann in Oktal-Schreibweise wiedergegeben:

        z.B. D1,D0➡D, d.h. D = 2 ist identisch mit (D1,D0)=(1,0)

Die Adressen sind ebenfalls in Oktal-Schreibweise angegeben.

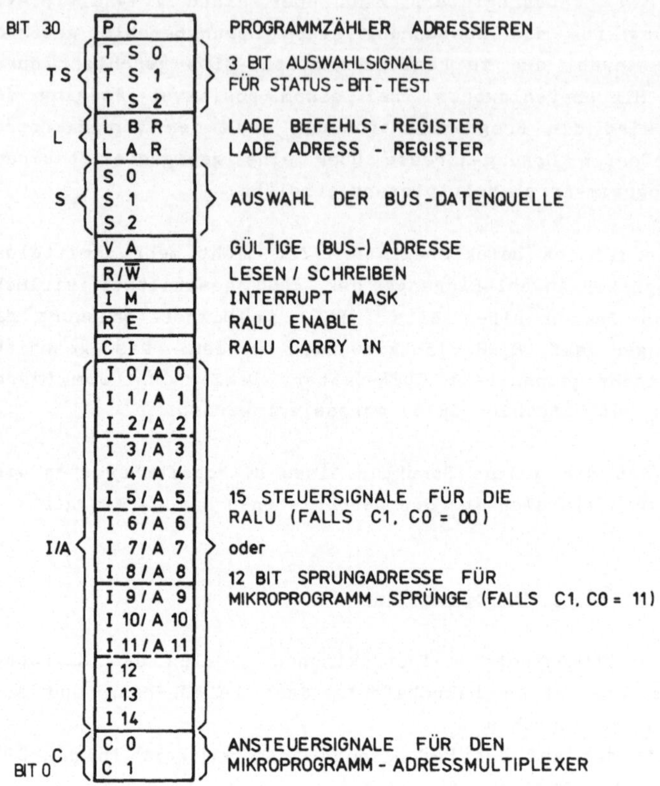

Bild 46: Mikrobefehlswort

Fetch-Phase

Die Mikrobefehle der für alle (Makro-)Befehle gleichen Fetch-
Phase stehen ab einer festen Adresse (im Beispiel ab Adresse
00010 oktal) im Mikroprogramm-ROM. Diese Adresse wird zum Abschluß jeder einzelnen Befehlsroutine, d.h. am Ende der Abarbeitung jedes Makro-Befehls angesprungen.

<u>1. Schritt</u>:

Test ob Interrupt-Anforderung vorliegt; wenn ja, verzweigen nach
Adresse 01000 (dies sei die Startadresse des Interrupt-Bearbei-
tungsprogramms).

C	= 0	Mikroprogrammadreß-Multiplexer auf Folge-Adresse
I/A	= 01000	Interrupt-Startadresse
CI	irrelevant	
RE	= 0	RALU disable (I/A-Feld enthält Sprung-Adresse, keine RALU-Steuersignale)
IM	irrelevant	
R/$\overline{W}$	irrelevant	
VA	= 0	keine gültigen Adreßsignale
S	= 0	keine Datenquelle
L	= 0	keine Datensenke
TS	= 5	Test, ob Interrupt-Anforderung vorliegt
PC	irrelevant	

<u>2. Schritt</u>:

Programmzähler (PC) ins Bus-Adreß-Register laden und gleichzeitig inkrementiert zurückschreiben

C	= 0	Folgeadressierung
I/A	= 00204	RALU-RAM auf Ausgang, inkrementiert ins RAM zurückschreiben
CI	= 1	CARRY IN = 1 für Inkrementierung
RE	= 1	RALU enable
IM	irrelevant	
R/$\overline{W}$	irrelevant	
VA	= 0	Adreßsignale (noch) nicht gültig
S	= 0	keine Datenquelle (RALU ist Datenquelle!)
L	= 2	Bus-Adreß-Register als Datensenke
TS	= 0	kein STATUS-Test
PC	= 1	Befehlszähler adressieren (R15)

<u>3. Schritt</u>:

Datenbus-Eingang lesen und ins Befehlsregister speichern. Dabei Test, ob HALT = 1; wenn ja, 3. Schritt so oft wiederholen, bis HALT = 0 zeigt, d.h. bis der Arbeitsspeicher seinen Zyklus beendet hat.

```
C   = 0              Folgeadressierung
I/A = 00012          Adresse des 3. Schritts für Rücksprung
                     auf sich selbst, falls HALT = 1
CI  irrelevant
RE  = 0              RALU disable
IM  irrelevant
R/W̄ = 1              Bus-Daten lesen
VA  = 1              gültige Adreßsignale
S   = 0              Daten-Bus als Datenquelle (wegen R/W̄=1)
L   = 1              Befehlsregister als Datenziel
TS  = 6              Test HALT-Leitung
PC  irrelevant
```

<u>4. Schritt</u>:

Befehlscode auswerten, Mikroadreß-Register über das Start-Adreß-ROM laden

```
C   = 1              Startadresse laden
I/A irrelevant
CI  irrelevant
RE  = 0              RALU disable
IM  irrelevant
R/W̄ irrelevant
VA  = 0              Adreßsignale nicht gültig
S   = 0              keine Datenquelle
L   = 0              keine Datensenke
TS  = 0              kein STATUS-Test
PC  irrelevant
```

<u>Ausführungsphase</u>:

Nach Ausführung des 4. Schritts der Fetch-Phase verzweigt der Mikroprogrammablauf zur Start-Adresse des befehlsspezifischen Mikroprogramms. Diese Startadresse hängt vom Befehlscode im Befehlsregister ab. Im vorliegenden Beispiel beginne das befehlsspezifische Mikroprogramm in Adresse 00050.

Der Befehl, der im vorliegenden Beispiel (Load Ri immediate) betrachtet wird, hat folgende Form:

Befehlscode	i	1111
Operand		

(vergleiche Beispiel
E auf Seite 80)

<u>1. Schritt (Adresse: 00050)</u>:
Inhalt des PC ins Bus-Adreß-Register laden und inkrementiert zurückschreiben. Dieser Schritt ist identisch mit Schritt 2 der Fetch-Phase.

<u>2.Schritt (Adresse: 00051)</u>:
Datenbus-Eingang lesen und in Register i laden; dabei Test, ob HALT = 1, wenn ja, Schritt 2 wiederholen bis HALT = 0.

C   = 0   Folgeadressierung
I/A = 00051   Adresse des 2. Schritts für Rücksprung,
                      falls HALT = 1
CI   = 0   kein Eingangsübertrag in die RALU
RE   = 1   RALU enable
IM   = 0
R/$\overline{W}$ = 1   lesen
VA   = 1   gültige Adresse
S   = 0   Daten-Bus als Datenquelle (wegen R/$\overline{W}$ = 1)
L   = 0   RALU ist Datenziel (darin das im Befehl
                      enthaltene Register i)
TS   = 6   HALT-Test
PC   = 0   Registeranwahl normal aus dem Befehlswort

3. Schritt (Adresse: 00052):

STATUS-Bits setzen entsprechend dem gelesenen Wort, Interrupt Mask unverändert lassen, Carry-Status ebenfalls nicht verändern.

```
C   = 0            Folgeadressierung
I/A = 10103        STATUS-Bits N und Z gemäß gelesenem Wort
                   setzen; Register-Inhalte unverändert
CI  = 0            kein Übertragseingang in die RALU
RE  = 1            RALU enable
IM  irrelevant
R/W̄ irrelevant
VA  = 0            keine gültige Adresse
S   = 1            STATUS-Register als Datenquelle
L   = 0            RALU ist Datenziel
TS  = 0            kein STATUS-Test
PC  = 0            Registeranwahl normal aus dem Befehlswort
```

4. Schritt (Adresse: 00053):

Rücksprung zur Startadresse der Fetch-Phase

```
C   = 3            unbedingter Sprung
I/A = 00010        Start-Adresse der Fetch-Phase
CI  irrelevant
RE  = 0            RALU disable
IM  irrelevant
R/W̄ irrelevant
VA  = 0            keine gültige Adresse
S   = 0            keine Datenquelle
L   = 0            keine Datensenke
TS  = 0            kein STATUS-Test
PC  irrelevant
```

Damit ergibt sich für die gesamte Makrobefehlsbearbeitung das Mikroprogramm gemäß Tabelle 9.

Adresse dezimal	C	I/A					CI	RE	IM	R/$\overline{\text{W}}$	VA	S	L	TS	PC
8	00	000	001	000	000	000	X	0	X	X	0	000	00	101	X
9	00	000	000	010	000	100	1	1	X	X	0	000	10	000	1
10	00	000	000	000	001	010	X	0	X	1	1	000	01	110	X
11	01	X	X	X	X	X	X	0	X	X	0	000	00	000	X
⋮															
40	00	000	000	010	000	100	1	1	X	X	0	000	10	000	1
41	00	000	000	000	101	001	0	1	0	1	1	000	00	110	0
42	00	001	000	001	000	011	0	1	X	X	0	001	00	000	0
43	11	000	000	000	001	000	X	0	X	X	0	000	00	000	X

Tabelle 9: Beispiel-Mikroprogramm

5 One-Chip-Mikroprozessoren

Der zahlenmäßig größte Anteil der zur Zeit hergestellten Mikroprozessoren entfällt auf die One-Chip-Prozessoren, die in Wortbreiten von 4, 8, 12 oder 16 Bit verfügbar sind. Es handelt sich mit wenigen Ausnahmen um Bausteine in NMOS-Technologie mit typischen Befehlsausführungszeiten im Bereich von 2 bis 20 us. Nur wenige Prozessoren weichen davon ab (Beispiele: Der IM 6100 von Intersil, ein 12-Bit-Mikroprozessor, der Software-kompatibel zum pdp 8-Rechner von Digital Equipment ist, wird in CMOS-Technologie hergestellt; der SBP 9900 von Texas Instruments wird in I^2L-Technologie /4/ gefertigt.) Die zur Zeit weitaus am meisten verwendete Wortbreite ist 8 Bit. Gemeinsame Merkmale fast aller One-Chip-Prozessoren sind das Buskonzept und das Bausteinfamilienkonzept: Alle Komponenten eines Systems sind durch einen Bus verbunden; neben der Zentraleinheit liefert der Mikroprozessor-Hersteller weitere Bus-kompatible Bauelemente wie Speicher, E/A-Bausteine usw.

5.1 Interner Aufbau eines One-Chip-Mikroprozessors

In der folgenden Beschreibung der Mikroprozessor-Familie M 6800 wird versucht, einen genauen Überblick über Aufbau und Arbeitsweise eines typischen One-Chip-Mikroprozessors zu geben. Diese Ausführungen werden ausreichen zum Verständnis der später beschriebenen Beispiele, sie sollen aber nicht das Studium der ausführlichen Hersteller-Unterlagen bei der praktischen Arbeit mit dem Mikroprozessor ersetzen.

Der Mikroprozessor MC 6800 ist ein in n-Kanal-MOS-Technik hergestellter One-Chip-Mikroprozessor, der in einem Gehäuse mit 40 Anschlüssen untergebracht ist. Als einzige Versorgungsspannung werden + 5V benötigt. Der Mikroprozessor hat eine Datenwortlänge von 8 Bit und arbeitet mit 16 Bit Adresse, was einem Adreß-Bereich von 64K Bytes entspricht. Daten und Adressen werden auf Bus-Leitungen übertragen, die vom Mikroprozessor über 3-State-Ausgänge gespeist werden.

Bild 47 gibt die interne logische Struktur der Microprocessing Unit (MPU) MC 6800 wieder. Diese MPU verwendet intern drei je 8 Bit breite Sammelschienen:

    den internen Datenbus

    das höherwertige Byte des internen Adreßbus

    das niederwertige Byte des internen Adreßbus

Der letztgenannte interne Bus hat eine doppelte Funktion: er wird als Teil des Adreßbus und außerdem in CPU-internen Zyklen als zweiter Datenbus (arithmetischer Bus) für zusätzliche Datentransfers verwendet.

Die CPU verfügt über folgende für den Programmierer ´sichtbare´ Register:
- zwei Akkumulatoren A und B von je 8 Bit Länge, die die Operanden und Ergebnisse der ALU-Operation enthalten;
- ein Indexregister X (16 Bit) für die indizierte Speicheradressierung (siehe 6.1);
- einen Programmzähler (PC, 16 Bit), der die Speicheradresse des aktuellen Programmschrittes enthält;
- einen Stack Pointer (SP, 16 Bit), der auf die nächste freie Adresse in einem Stapelspeicher zeigt, der in Verbindung mit Programmunterbrechungen näher beschrieben wird;
- ein Status-Register, dessen Bits gemäß den Ergebnissen der ALU-Operationen gesetzt werden. Die einzelnen Bitpositionen und ihre Bedeutungen, die vom Programm ausgewertet werden können, zeigt Bild 48.

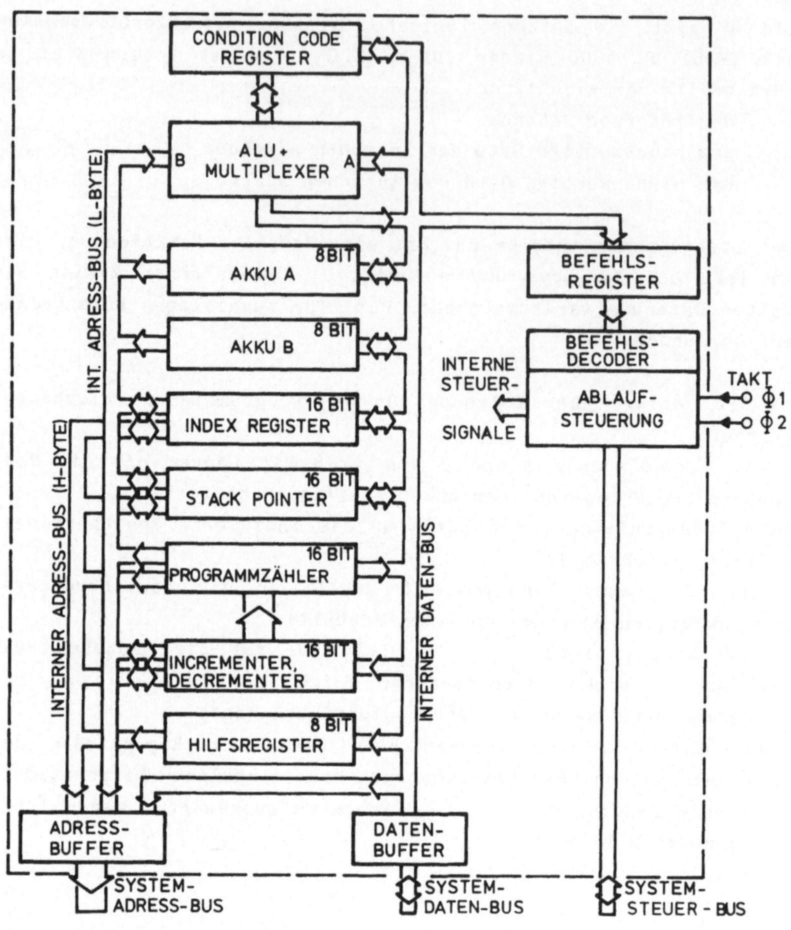

Bild 47: Logische Struktur der CPU MC 6800

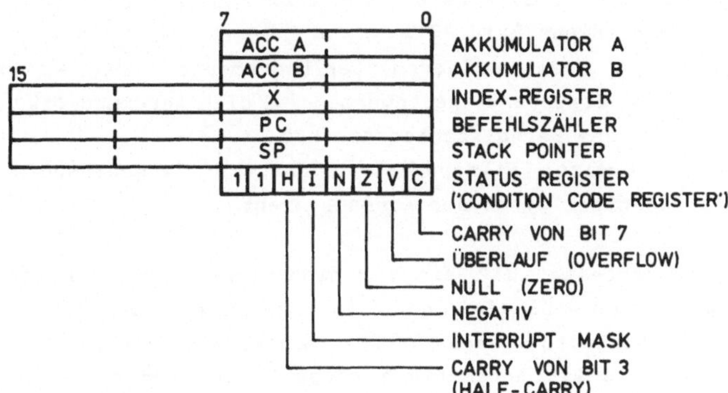

Bild 48: ´Sichtbare´ Register des MC 6800

Erläuterungen zu den Status-Bits (Bild 48), die sich mit Ausnahme von I in der Regel auf die zuletzt durchgeführte ALU-Operation beziehen. Es werden diejenigen Bedingungen beschrieben, unter denen die betreffende Bitposition auf ´1´ gesetzt wird:

C: Die Rechenoperation hat einen Übertrag ergeben, der bei der folgenden Rechenoperation berücksichtigt werden kann.

H: Die Rechenoperation mit BCD-Zahlen (4 Bit) hat einen Übertrag ergeben.

Z: Das Ergebnis der arithmetischen oder logischen Operation ist null.

N: Im Ergebnis der letzten Operation ist Bit 7 = 1, was bei der verwendeten 2er-Komplement-Zahlendarstellung einer negativen Zahl entspricht.

V: Die arithmetische Operation hat einen Überlauf in Bezug auf die verarbeitbare Datenbreite (8 Bit) ergeben.

I: Eine Programmunterbrechung wird nicht zugelassen. I wird automatisch nach einer zugelassenen Programmunterbrechungs-Anforderung (Interrupt Request, IRQ) oder per Programm gesetzt und kann nur per Programm zurückgesetzt werden.

Neben den oben beschriebenen ´sichtbaren´ Registern enthält der MC 6800 noch zwei ´unsichtbare´ (vom Programmierer nicht ansprechbare) Register (siehe Bild 47):

- Einen 16 Bit breiten Incrementer/Decrementer, der - von der CPU-internen Steuerung gesteuert - die Adreßmodifikationen zusammen mit dem Befehlszähler durchführt.
- Ein 8 Bit breites Hilfsregister, das zur Zwischenspeicherung des höherwertigen Bytes der Adresse dient.

Der MC 6800 arbeitet mit einem zweiphasigen Takt, von dem alle prozessorinternen Abläufe und die Signalübertragungen auf dem Bus-System abgeleitet werden. Die minimale Zykluszeit beträgt 1 μs. Bild 49 zeigt schematisch einen Zyklus für die Taktphasen φ1 und φ2 sowie die Daten- und Adreßleitungen bei Datenübertragungen zwischen dem Mikroprozessor und dem Speicher bzw. einem E/A-Element. Die genauen, bei Schreib- und Leseoperationen etwas unterschiedlichen Zeitbedingungen müssen den Datenblättern entnommen werden.

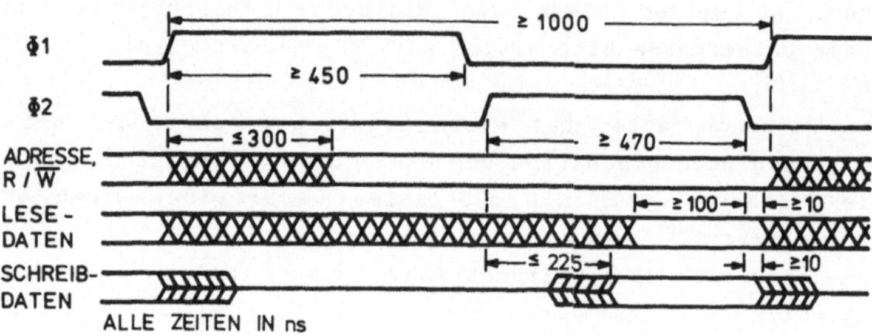

Bild 49: Timing-Diagramm des MC 6800

In der Taktphase φ1 werden prozessorinterne Operationen durchgeführt, und die Adreß- und Steuersignale für eine Datenübertragung werden vorbereitet. Die jeweilige Datenquelle stellt die Daten in der zweiten Hälfte von φ2 bereit, die dann mit der Rückflanke des φ2-Taktes von der Datensenke übernommen werden.

Alle anderen Hardware-Eigenschaften werden im folgenden anhand der Steuersignale des MC 6800 beschrieben:

$\phi 1$ und $\phi 2$, MPU-Eingänge:
Zwei einander nicht überlappende Taktphasen (Bild 49).

Reset, MPU-Eingang:
Nach einem Reset-Signal, für das beim Einschalten der Spannungsversorgung des Systems bestimmte Zeitbedingungen eingehalten werden müssen, beginnt der Mikroprozessor mit der Bearbeitung eines Programms, dessen Anfangsadresse in den beiden Speicherzellen mit den Hexa-Adressen FFFE und FFFF stehen muß. Dieses Initialisierungsprogramm muß vom Anwender geschrieben werden.

VMA (Valid Memory Address), MPU-Ausgang:
Den Peripherie-Bauelementen (Speicher, E/A-Elemente) wird angezeigt, daß eine gültige Adresse auf dem Adreßbus bereitsteht.

R/$\overline{\text{W}}$ (Read/Write), MPU-Ausgang:
Dieses Signal gibt an, ob der Mikroprozessor eine Lese- oder eine Schreiboperation ausführt.

Halt, MPU-Eingang:
Dieses Eingangssignal veranlaßt den Mikroprozessor, nach Abschluß der laufenden Befehlsbearbeitung in einen vollständigen Stop-Zustand zu gehen, in dem alle Bus-Leitungen freigegeben werden (hochohmiger Zustand der entsprechenden Treiber). Das Halt-Signal kann z.B. dafür verwendet werden, den Mikroprozessor im Testbetrieb nur jeweils zur Bearbeitung eines einzigen Befehls freizugeben.

TSC (Three-State Control), MPU-Eingang:
Der Mikroprozessor wird veranlaßt, den Adreßbus freizugeben, d.h. in den hochohmigen Zustand zu schalten. Außerdem schaltet der Mikroprozessor die Leitung VMA in den Low-Zustand und die Leitung BA (s.unten) in den High-Zustand. Gleichzeitig mit dem TSC-Signal müssen die beiden Taktsignale während $\phi 1 = 1$ angehalten werden. Da der Mikroprozessor MC 6800 ein intern dynamisch arbeitendes Bauelement ist, dürfen die Taktsignale nur für maxi-

mal 4,5 µs abgeschaltet werden, da sonst der Inhalt der internen Register verloren gehen würde. Das TSC-Signal wird deshalb nur für kurze Abschaltphasen, z.B. bei DMA-Datenübertragungen verwendet.

BA (Bus Available), MPU-Ausgang:
Dieses Signal ist die Quittung für ein Halt-Signal oder die Folge eines WAIT-Befehls im Programm. Alle 3-State-Treiber befinden sich damit im hochohmigen Zustand, alle anderen MPU-Ausgänge sind nicht aktiv.

IRQ (Interrupt Request), MPU-Eingang:
Der Unterbrechersignal-Eingang des Mikroprozessors ist gesperrt, wenn das I-Bit im Zustandsregister gesetzt ist. Ist I = 0, kommt das IRQ-Signal durch. Dann speichert der Mikroprozessor automatisch die Registerinhalte im Stapelspeicher ab (vgl. 6.5), um anschließend ein Programm zu starten, dessen Anfangsadresse in den beiden Speicherzellen mit den Hexa-Adressen FFF8 und FFF9 steht.

NMI (Non-Maskable Interrupt), MPU-Eingang:
Dieser Unterbrechersignal-Eingang kann nicht gesperrt werden und wird deshalb auch nur bei wirklich entscheidenden Ereignissen verwendet. Ein NMI-Signal bewirkt ähnlich wie das IRQ-Signal das ´Retten´ der Registerinhalte in den Stapelspeicher (siehe 6.5) und den Programmstart bei der in den Speicherzellen mit den Hexa-Adressen FFFC und FFFD stehenden Adresse.

5.2 Ein/Ausgabe, Bus-Struktur

Der Informationsaustausch zwischen der CPU und ihren ´Peripheriegeräten´ bzw. Speichern erfolgt bei praktisch allen One-Chip-Prozessoren über ein Bus-System, das drei Gruppen von Signalen umfaßt:
- Unidirektionale Adreßleitungen (Adreßbus), M 6800 : 16 Bit
- Bidirektionale Datenleitungen (Datenbus), M 6800 : 8 Bit
- Takt-, Steuer- und Status-Leitungen (Steuerbus),
  M 6800: 11 Leitungen

Die technische Spezifikation eines Bus´ umfaßt neben der Richtung, Bedeutung und dem Timing der Bus-Signale auch Angaben über
die maximale Zahl der Sender und Empfänger an einer Busleitung,
die größte Leitungslänge, die kapazitive Last usw. Die Bus-Sy-
steme aller One-Chip-Mikroprozessoren sind ausgelegt für den Aufbau mechanisch kleiner Mikrorechner-Systeme. Bei größeren Systemen müssen die Bus-Leitungen über zusätzliche Treiber geführt
werden. Bild 50 zeigt einen typischen Anwendungsfall für einen
Bus-Extender: die Erweiterung des Speichers.

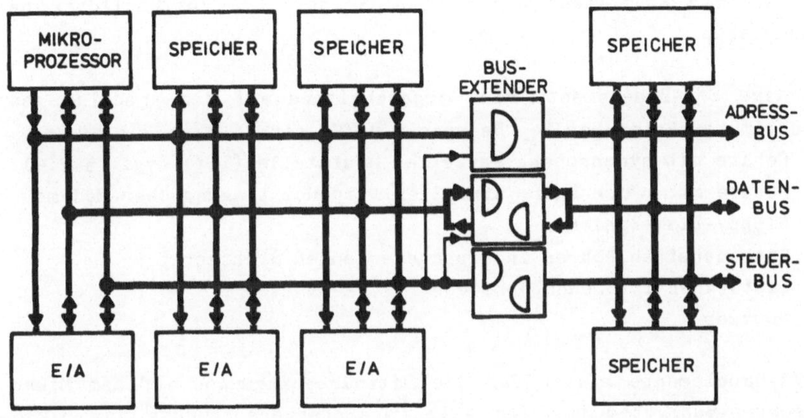

Bild 50: Mikrorechner mit Bus-Extender

Die Treiberstufen im Adreßbus arbeiten unidirektional, da im dar-
gestellten System der Mikroprozessor die einzige Quelle von Adreßinformationen ist. Vorzugsweise werden die Treiberstufen von
einem Signal aus dem Steuerbus nur in den Zeitintervallen durch-
geschaltet, in denen der Adreßbus eine gültige Information trägt.
Da die Datenbus-Leitungen bidirektional verwendet werden, müssen
Treiber für beide Richtungen vorgesehen werden, die durch entsprechende Signale aus dem Steuerbus geschaltet werden, z.B. durch
die Lese- bzw. Schreiboperationen anzeigenden Steuersignale. Die
Steuersignale haben stets eine eindeutige Signalflußrichtung, so
daß Treiber in diesen Richtungen eingesetzt werden können.

Die Kommunikation zwischen ´Umwelt´ und Mikrorechner erfolgt in der Regel über spezielle E/A-Bausteine, die einerseits an das Bus-System des Mikrorechners angeschlossen werden, also aus derselben ´Familie´ wie der Mikroprozessor stammen, andererseits eine auf die Art des E/A-Verkehrs möglichst gut abgestimmte Nahtstelle aufweisen.

Für allgemeine Anwendungen stehen E/A-Bauelemente zur Verfügung, deren parallele Externnahtstellen wortweise (8 Bit) oder bitweise für Ein- oder Ausgaben programmiert werden können. Ein derartiges Bauelement wird im Abschnitt 5.2.1 ausführlicher beschrieben.

Andere E/A-Bauelemente sind zugeschnitten auf den Anschluß ganz bestimmter Externgeräte. Beispiele dafür sind:
- Geräte mit synchroner, serieller Nahtstelle (TTY) (vgl. 5.2.2)
- Geräte mit synchroner, serieller Datenübertragung über Modems
- Floppy-Disk-Speicher
- Kathodenstrahlröhren in alphanumerischen Sichtgeräten
- Tastaturen mit Leuchtanzeigen
- Drucker

E/A-Bauelemente müssen für die Datenübertragungen auf dem Mikrorechner-Bussystem und für alle Parameterversorgungen vom Mikroprozessor angewählt oder adressiert werden. Anstatt dafür besondere, nur die E/A-Bauelemente aktivierende E/A-Befehle in Verbindung mit speziellen Signalen zu verwenden, arbeiten fast alle Mikroprozessor-Systeme nach dem Verfahren, den insgesamt verfügbaren Adreßraum (z.B. 64K = 65536 Adressen bei 16 Bit Adreßinformation) zwischen dem Speicher und den E/A-Funktionen aufzuteilen. Damit werden alle Datenübertragungsoperationen des Mikroprozessors quasi zu Speicherzugriffen, auch wenn durch die zugehörige Adresse ein E/A-Bauelement angesprochen wird. Im Programm werden deshalb nur Speicherbefehle verwendet. Das Bild 51 zeigt eine mögliche Adreßraumaufteilung als Beispiel.

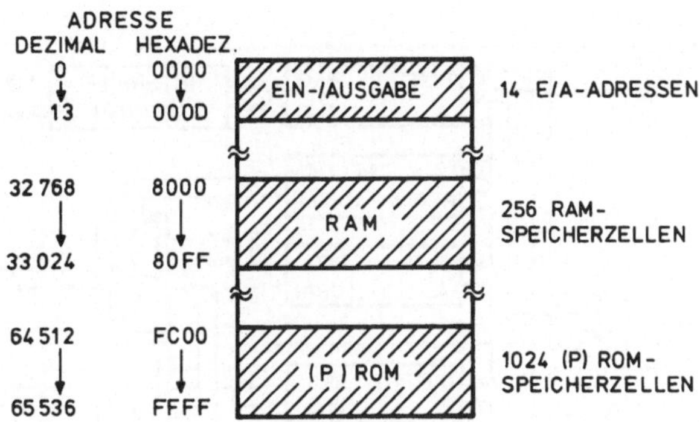

Bild 51: Beispiel einer Adreßraumaufteilung

Die tatsächliche Wahl geeigneter Adressen beim Entwurf eines
Mikrorechners ist von einer Reihe von Faktoren abhängig, von
denen hier nur einige als Hinweis aufgeführt werden sollen:
- einfache Hardware-Adreßdecodierung, wenn nur Teile des Adreß-
  raumes belegt sind;
- Ausnutzung der Adressierungsarten des Mikroprozessors, wie
  ´Direkte Adressierung´ usw. (siehe Abschnitt 6.1);
- Belegung vorgeschriebener Adressen für die Behandlung von Un-
  terbrechersignalen, Wiederanlauf-Routinen usw..

5.2.1 Beispiel eines parallelen E/A-Bausteins

Das E/A-Bauelement mit dem breitesten Anwendungsspektrum in der
M 6800-Familie ist die PIA (Peripheral Interface Adapter), die
auf der dem Externgerät zugewandten Seite zwei parallele 8-Bit-
Nahtstellen aufweist (Bild 52). Diese Nahtstellen können vom
Anwenderprogramm bitweise zu Eingängen oder Ausgängen erklärt
werden, und für die jeweils zwei den Nahtstellen zugeordneten
Timingsignale sind Betriebsarten programmierbar, die eine Anpassung des E/A-Bauelements an sehr unterschiedliche Anwendungsfälle
ermöglichen.

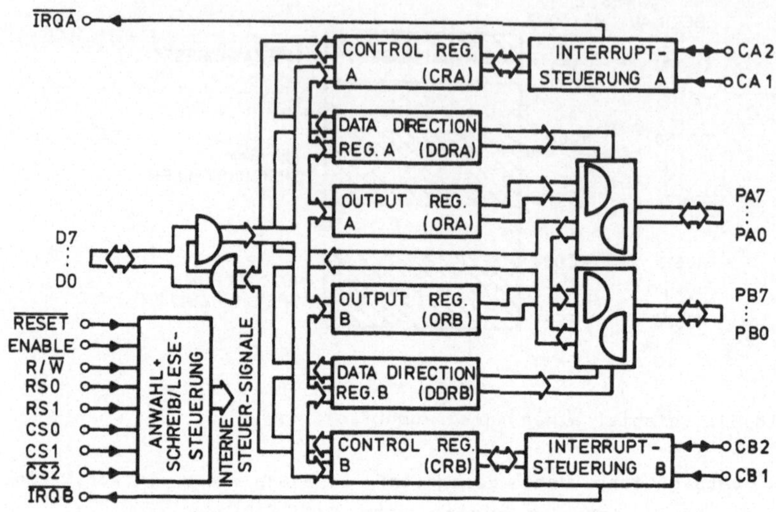

Bild 52: Logische Struktur des Peripheral Interface Adapter (PIA)
         MC 6820

Die PIA ist außer mit dem Datenbus des Mikroprozessors mit einer Reihe von Signalen aus dem Adreß- und dem Steuerbus zu ver-
binden. Zur Adressierung der PIA stehen fünf Signaleingänge zur
Verfügung, von denen drei, nämlich die CS-Eingänge (Chip Select),
einen bestimmten Signalpegel erfordern, und zwar ´1´ bei CS0
und CS1 sowie ´0´ bei $\overline{CS2}$, während die ´Register Select´-Ein-
gänge RS0 und RS1 bei jedem der vier möglichen Eingangssignal-
kombinationen einen anderen Teil innerhalb der PIA anwählen.
Das Bild 53 zeigt am Beispiel einer beliebig gewählten Adreßinformation eine mögliche Anwahlschaltung, wobei das VMA-Sig-
nal (Valid Memory Address) ausgewertet wird. Die dort gezeigte
vollständige Decodierung der Adreßleitungen ist keinesfalls immer
erforderlich. Wenn z.B. in einem einfachen Beispiel der Adreßraum
eines Mikrorechners oberhalb von 16K nicht genutzt wird, können
A14 und A15 unbeachtet bleiben.

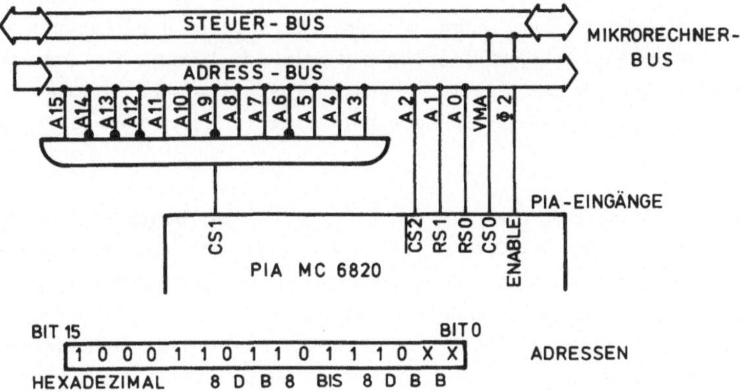

Bild 53: Beispiel einer PIA-Adressierung

Die PIA ist vollständig mit dem Mikroprozessor-Bussystem verbunden, wenn
- der $\overline{\text{Reset}}$- und der R/$\overline{\text{W}}$-Eingang mit den entsprechenden Leitungen
  im Steuerbus verbunden sind,
- der Enable-Eingang am ϕ2-Takt liegt und
- die beiden - später genau besprochenen - Interrupt-Request-Aus-
  gänge IRQA und IRQB entweder gemeinsam mit der IRQ-Leitung
  oder z.B. getrennt mit einem Prioritäts-Encoder-Baustein verbunden sind.

Die PIA besitzt zwei voneinander unabhängige parallele Nahtstellen A und B von je 8 Bit Breite. Die 8 Datenanschlüsse jeder
Nahtstelle können wiederum unabhängig voneinander als Eingänge
oder Ausgänge programmiert werden. Dazu ist es erforderlich,
in einem Datenrichtungsregister (DDRA bzw. DDRB) eine ´1´ in
die Bitpositionen zu schreiben, deren zugeordnete Datenanschlüsse
Ausgänge sein sollen, bzw. eine ´0´, wenn es sich um einen Eingang handeln soll. Während für Datenausgaben vom Mikroprozessor
zum Externgerät ein zwischenspeicherndes Ausgaberegister (ORA
bzw. ORB) vorhanden ist, werden bei Lesevorgängen die Eingabedaten von der Externnahtstelle direkt auf den Datenbus durchge-
schaltet. Die PIA bietet also einem Externgerät Daten solange an,
bis sie durch neue Daten überschrieben werden und fordert vom

Externgerät Eingabedaten, die bis zum Abschluß der Eingabeopera-
tion unverändert anliegen müssen. Bezüglich der Datenleitungen
sind beide Nahtstellen logisch absolut identisch. Sie unterscheiden sich nur in den elektrischen Eigenschaften der Treiberstufen,
wozu aber auf die entsprechenden Datenblätter verwiesen werden
muß.

Jede Externnahtstelle der PIA besitzt je einen Steuereingang
(CA1 bzw. CB1), über den ein IRQ-Signal für den Mikroprozessor
ausgelöst werden kann, wenn spezielle, programmierbare Bedingungen erfüllt werden. Darüber wird in Verbindung mit den Steuerregistern berichtet. Zwei weitere Nahtstellen-Steuersignale (CA2
bzw. CB2) können sehr vielfältig als Ein- oder Ausgang, mit oder
ohne IRQ-Erzeugung usw. verwendet werden. Auch hier wird die
Betriebsart im Steuerregister festgelegt.

Bei Anwendung der PIA in einem Mikrorechner wird mit dem $\overline{\text{Reset}}$-
Signal ein Anfangszustand hergestellt, in dem alle Register gelöscht sind. Dies bedeutet, daß die Datenanschlüsse (PA0 bis
PA7 und PB0 bis PB7) und auch die zweiten Steuersignale (CA2
und CB2) als Eingänge programmiert sind. In einem Anwenderprogramm sind deshalb im Initialisierungsabschnitt die Datenrichtungsregister und die Steuerregister zu versorgen. Die PIA besitzt sechs interne Register, aber nur zwei Register-Select-Ein-
gänge, die die Anwahl von vier Registern erlauben. Deshalb werden
Bits aus den Steuerregistern hinzugezogen, um zwischen den Daten-
richtungs- und den Datenübertragungsregistern zu unterscheiden.
(Jede PIA-Seite enthält zwar physikalisch nur ein Datenausgabe-
register (ORA, ORB), logisch aber auch ein Dateneingaberegister,
die bei Datenübertragungen beide mit derselben Adresse angewählt
werden, nur unterschieden durch das R/$\overline{\text{W}}$-Signal!) Im Initialisierungsprogramm müssen also zuerst die Steuerregister versorgt
werden und dann die Datenrichtungsregister, bevor die eigentlichen Datenübertragungen beginnen können. Die zahlreichen Betriebsarten der PIA, die durch entsprechende Versorgungen der
Steuerregister eingestellt werden können, sind im Rahmen dieser
Beschreibung nicht darstellbar und müssen den umfangreichen Her-
stellerunterlagen entnommen werden. Anhand von zwei Beispielen
sollen hier nur einige der Möglichkeiten angedeutet werden:

<u>Steuer-Register A (CRA)</u>:

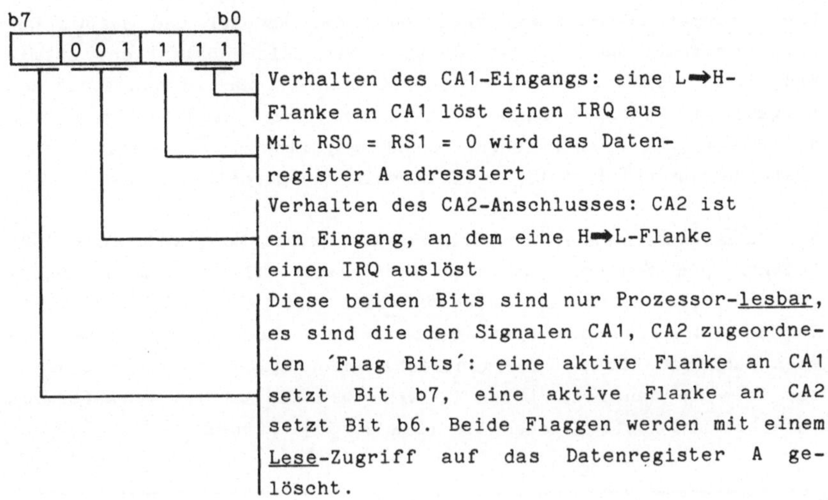

Verhalten des CA1-Eingangs: eine L➡H-
Flanke an CA1 löst einen IRQ aus

Mit RS0 = RS1 = 0 wird das Daten-
register A adressiert

Verhalten des CA2-Anschlusses: CA2 ist
ein Eingang, an dem eine H➡L-Flanke
einen IRQ auslöst

Diese beiden Bits sind nur Prozessor-<u>lesbar</u>,
es sind die den Signalen CA1, CA2 zugeordneten 'Flag Bits': eine aktive Flanke an CA1
setzt Bit b7, eine aktive Flanke an CA2
setzt Bit b6. Beide Flaggen werden mit einem
<u>Lese</u>-Zugriff auf das Datenregister A ge-
löscht.

<u>Steuer--Register B (CRB)</u>:

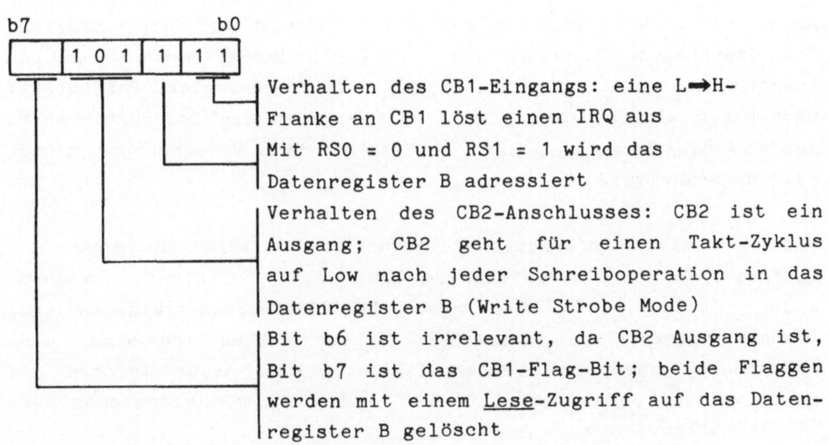

Verhalten des CB1-Eingangs: eine L➡H-
Flanke an CB1 löst einen IRQ aus

Mit RS0 = 0 und RS1 = 1 wird das
Datenregister B adressiert

Verhalten des CB2-Anschlusses: CB2 ist ein
Ausgang; CB2 geht für einen Takt-Zyklus
auf Low nach jeder Schreiboperation in das
Datenregister B (Write Strobe Mode)

Bit b6 ist irrelevant, da CB2 Ausgang ist,
Bit b7 ist das CB1-Flag-Bit; beide Flaggen
werden mit einem <u>Lese</u>-Zugriff auf das Daten-
register B gelöscht

5.2.2 <u>Beispiel einer asynchronen, seriellen Nahtstelle</u>

Der Informationsaustausch zwischen einem Rechner und seinem Benutzer erfolgt häufig über Geräte, die zeichenorientiert arbeiten, d.h. sie enthalten meist Tastaturen zur alphanumerischen Eingabe und entsprechende Druck- oder Anzeigeeinrichtungen für die Ausgabe. In zahlreichen Anwendungsfällen müssen deshalb auch Mikrorechner mit derartigen ´Terminals´ ausgerüstet werden.

Für Geräte mit einer Übertragungsgeschwindigkeit bis etwa 1000 Zeichen pro Sekunde hat sich eine Nahtstelle allgemein durchgesetzt, die asynchron zeichenseriell und bitseriell arbeitet. Das heißt: Jedes zu übertragende Zeichen besteht aus einer festen Zahl von Bits; die eigentliche Information steckt in codierter Form in den Bits 1 bis 7, wenn es sich um den am weitesten verbreiteten ASCII-Zeichencode (DIN 66 003) handelt:

Start	Bit 1	Bit 2	Bit 3	Bit 4	Bit 5	Bit 6	Bit 7	Par.	Stop	Stop

Andere Informationscodierungen mit 5 bis 8 Bit sind möglich. Die Übertragung kann dadurch sicherer gemacht werden, daß im Anschluß an die Informationsbits ein sogenanntes Paritätsbit übertragen wird. Dieses Paritätsbit ergänzt die Informationsbits so, daß die Gesamtzahl der ´1´-Bits je nach Vereinbarung gerade oder ungerade ist.

Die Bits eines Informationszeichens werden zwischen Sender und Empfänger in einem vereinbarten Takt (z.B. 110 Bits/s) nacheinander (´bitseriell´) übertragen. Da die Pausen zwischen zwei Zeichen speziell bei manueller Eingabe willkürlich sind, d.h. ´asynchron´ zum vereinbarten Takt, beginnt jedes Zeichen mit einem Startbit, das immer ´0´ ist, und endet mit einem oder zwei ´1´-Stopbits.

Mikroprozessoren arbeiten mit (z.B.) 8-Bit-Datenworten mit einer Geschwindigkeit, die sehr viel höher ist als die Sende- oder

Empfangsgeschwindigkeit eines zeichenorientierten Terminals mit der oben beschriebenen Nahtstelle. Es wird deshalb ein leistungsfähiges Interface zwischen dem parallelen Mikrorechner-Bus und der seriellen Externnahtstelle benötigt, das den Mikroprozessor von möglichst vielen zeitraubenden Routineaufgaben entlastet.

Bild 54 zeigt das Blockschaltbild eines entsprechenden Bausteins: Asynchronous Communications Interface Adapter (ACIA) MC 6850. Auf der dem Mikroprozessor zugewandten Seite besitzt das Bauelement Signalanschlüsse ähnlich denen des bereits beschriebenen PIA-Bausteins. Da von den vier internen Registern nur jeweils zwei Lese- bzw. Schreiboperationen durchführen können, wird nur ein RS-Eingang (Register Select) in Verbindung mit der R/$\overline{\text{W}}$-Leitung benötigt.

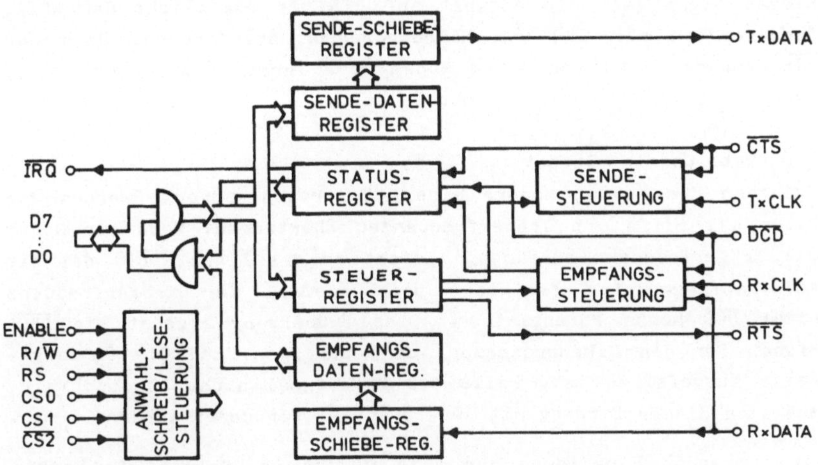

Bild 54: Logische Struktur des ACIA-Bausteins MC 6850

Auf der Externseite der ACIA gibt es neben den eigentlichen Datenleitungen RxData (Receive Data, Empfangsdaten) und TxData (Transmit Data, Sendedaten) noch einige Steuersignale und die beiden die Übertragungsgeschwindigkeiten bestimmenden Taktsignale RxClock und TxClock. Die an das Bauelement angelegten Taktsignale können für die beiden Übertragungsrichtungen unterschiedlich sein (z.B. langsame Tastatur-Eingabe und schnelle Sichtgeräte-

Ausgabe) und das 1-, 16- oder 64-fache der Datenrate betragen.
Die entsprechende Taktuntersetzung führt die ACIA intern durch.

Die folgenden drei Steuersignale sind insbesondere für den Betrieb der ACIA in Verbindung mit Modems vorgesehen, können aber
auch in direktem Anschluß an das Externgerät verwendet werden.

$\overline{\text{RTS}}$ (Request to Send):
Dieses Ausgangssignal kann der Mikroprozessor per Programm akti-
vieren, um einem Externgerät eine bevorstehende Datenausgabe
anzukündigen. Ein Modem wird daraufhin die Übertragungsstrecke
aufbauen, ein Fernschreiber z.B. den Motor starten.

$\overline{\text{CTS}}$ (Clear to Send):
Dieses Signal ist die Antwort auf $\overline{\text{RTS}}$. Es ermöglicht der ACIA,
Ausgabedaten per IRQ vom Mikroprozessor anzufordern. Wenn der
$\overline{\text{CTS}}$-Eingang nicht von einem Modem oder Terminal gesteuert wird,
muß er mit ´0´-Potential verbunden sein.

$\overline{\text{DCD}}$ (Data Carrier Detect):
Zwischen den beiden Modems einer Übertragungsstrecke werden die
Daten mit Hilfe von Trägerfrequenzen übertragen. Wenn ein Modem
die Trägerfrequenz empfängt, liefert es das Signal $\overline{\text{DCD}}$, das die
ACIA-Empfängerseite freigibt. Beim Ausfall der Trägerfrequenz
nimmt $\overline{\text{DCD}}$ hohes Potential an. Dieser Übergang erzeugt ein $\overline{\text{IRQ}}$-
Signal für den Mikroprozessor, um anzuzeigen, daß die Empfangs-
seite ausgefallen ist. Falls das $\overline{\text{DCD}}$-Signal nicht benutzt wird,
muß auch dieser Eingang mit ´0´-Potential verbunden werden.

Die internen Funktionen der ACIA werden nachfolgend in Verbindung mit dem Steuer-Register und dem Statusregister beschrieben.

ACIA-Steuer-Register

7	6	5	4	3	2	1	0
E	S2	S1	F3	F2	F1	U2	U1

<u>U1, U2</u>:
Wahl der Untersetzung der Übertragungs-Taktsignale sowohl für die Sende- als auch die Empfangsseite. Neben den drei Bitkombinationen für 1, 16 oder 64-fache Untersetzung bewirkt U1 = U2 = 1 ein zentrales Rücksetzen der ACIA.
Beispiel: TxClock = 76,8 kHz; RxClock = 7,04 kHz; 64-fache Untersetzung (U1 = 0, U2 =1) ergibt 1200 Bit/s für die Sende- und 110 Bit/s für die Empfangsseite.

<u>F1, F2, F3</u>:
Wahl des Datenformats. Die acht möglichen Bitkombinationen legen fest, ob das Zeichen 7 oder 8 Bit lang ist, ob zusätzlich ein Paritätsbit für gerade oder ungerade Parität erzeugt bzw. empfangen werden soll und ob mit 1 oder 2 Stop-Bits gearbeitet wird. Alle diese Funktionen erfüllt die ACIA selbständig, d.h. Aufbau des entsprechenden Datenformats beim Senden und Überprüfung des Datenformats beim Empfang erfolgen automatisch. Wird nur mit 7-Bit-Zeichen gearbeitet, dann ist das höchstwertige Bit im Mikroprozessor-Datenwort bedeutungslos.

<u>S1, S2</u>:
Die Bitkombination S1, S2 legt fest, ob das $\overline{\text{RTS}}$-Signal ausgesendet werden soll und ob die ACIA nach dem Senden eines Zeichens ein neues Zeichen per IRQ anfordern darf.

<u>E</u>:
Wenn Bit 7 des Steuerregisters gesetzt ist, meldet die ACIA den Empfang eines Zeichens dem Mikroprozessor per IRQ.

Falls durch entsprechende Versorgung des Steuerregisters festgelegt wird, daß Sende- und Empfangs-IRQ nicht erzeugt werden dürfen, muß der Mikroprozessor selbst durch wiederholtes Lesen des Statusregisters die Zeitpunkte bestimmen, zu denen neue Datenworte geliefert bzw. abgeholt werden müssen. Im Statusregister sind folgende Informationen enthalten:

<u>RDRF</u> (Receive Data Register Full, Empfangsdatenregister voll):
Ein vom Externgerät kommendes Zeichen steht im Empfangsregister
und kann vom Mikroprozessor gelesen werden. Wenn das Steuerregister entsprechend programmiert wurde (E = Bit7 = 1), hat diese Situation ein IRQ-Signal erzeugt. Das bereitstehende Zeichen
muß vom Mikroprozessor gelesen worden sein, bevor die Empfangssteuerung aus dem nächsten seriell eintreffenden Zeichen ein
neues Datenwort gebildet und das Empfangsdatenregister überschrieben hat (siehe OVRN).

<u>TDRE</u> (Transmit Data Register Empty, Sendedatenregister leer):
Das zuletzt vom Mikroprozessor gelieferte Datenwort ist als se-
rielles Zeichen an das Externgerät abgeschickt worden oder wird
gerade von der Sendesteuerung gesendet; in jedem Fall ist das
Sendedatenregister leer und kann ein neues Datenwort aufnehmen.

<u>DCD</u>:
Bit 2 wird gesetzt, wenn das entsprechende Eingangssignal den
Verlust der Trägerfrequenz anzeigt.

<u>CTS</u>:
Bit 3 ist das direkte Abbild des CTS-Eingangssignals.

<u>FE</u> (Framing Error, Formatfehler):
Beim Empfang war das Zeichen nicht korrekt eingerahmt von einem
Start- und mindestens einem Stopbit, was dadurch festgestellt
wurde, daß anstelle der ´0´ für das erste Stopbit eine ´1´ empfangen wurde. Es liegt also ein Übertragungsfehler vor, das
empfangene Zeichen ist wahrscheinlich falsch.

<u>OVRN</u> (Receiver Overrun, Überschreiben des Empfängers):
Mindestens ein Zeichen ist verlorengegangen, weil der Mikroprozessor ein empfangenes Zeichen nicht schnell genug aus dem Empfangsdatenregister gelesen hat. In einem solchen Fall kann die

Empfangs-Übertragungsgeschwindigkeit zu hoch sein; wahrscheinlicher ist jedoch, daß das Empfänger-Programm des Mikrorechners verändert werden muß, weil entweder das $\overline{\text{IRQ}}$-Signal nicht durchkommt oder das ACIA-Statusregister (insbesondere Bit 0) zu selten getestet wird.

<u>PE</u> (Parity Error, Paritätsfehler):
Im empfangenen Zeichen ist die Zahl der ´1´-Bits gerade (ungerade), obwohl im Steuer-Register ungerade (gerade) Parität festgelegt wurde. (Falls im Steuer-Register der Betrieb ohne Paritätsbit gewählt wurde, werden sowohl der Paritätsgenerator in der Sendesteuerung als auch die Paritätsprüfung in der Empfangssteuerung gesperrt.)

<u>IRQ</u>:
Bit 7 im Statusregister ist gesetzt, wenn die ACIA ein $\overline{\text{IRQ}}$-Signal auf der Mikrorechner-Busleitung erzeugt. In der IRQ-Suchroutine (Polling) liest der Mikroprozessor das Statusregister der ACIA und der Test auf Bit 7 zeigt an, ob diese ACIA ein IRQ-Signal erzeugt. Bit 7 des Statusregisters wird gelöscht durch eine Lese-Operation bzgl. des Empfangs-Daten-Registers bzw. durch eine Schreib-Operation bzgl. des Sende-Daten-Registers.

Die Ein- und Ausgangssignale der ACIA auf der Seite des Externgeräts entsprechen den TTL-Spezifikationen. Sie müssen deshalb noch in Strom und Spannung auf Pegelwerte umgesetzt werden, wie sie für die jeweilige Nahtstellenart festgelegt sind. In der Praxis stehen hauptsächlich zwei Nahtstellen zur Verfügung, die hinsichtlich der asynchronen, zeichenseriellen und bitseriellen Übertragung entsprechend der vorangegangenen Beschreibung gleich sind, die sich nur in den elektrischen Werten unterscheiden:
(1) Linienstrom- oder TTY-Nahtstelle, bei der der Ruhestrom von 20 oder 60 mA für jedes übertragene ´0´-Bit (z.B. beim Startbit oder ´Anlaufschritt´) unterbrochen wird.
(2) V.24/V.28- (oder RS 232-) Nahtstelle, bei der eine ´1´ als negative Spannung zwischen -3V und -24V, eine ´0´ als positive Spannung zwischen +3V und +24V dargestellt wird. Diese Nahtstelle wird vorzugsweise in Verbindung mit Modems eingesetzt.

5.2.3 Beispiel: Kopplung zweier Bus-Systeme über eine parallele Nahtstelle mit Zwischenspeicher

Dieses Beispiel beschreibt die Kopplung zweier asynchron zueinander arbeitender Mikrorechner-Bussysteme über eine parallele Nahtstelle mit Zwischenspeicher. Da zwischen solchen Systemen selten einzelne Datenworte ausgetauscht werden, sind die beiden Übertragungsrichtungen mit FIFOs ausgerüstet. Dadurch kann aufgrund eines IRQ-Signals jeweils ein ganzer Datenblock übertragen werden, was die Programmeffektivität wesentlich erhöht. Bild 55 zeigt ein Funktions-Blockschaltbild dieser Nahtstelle.

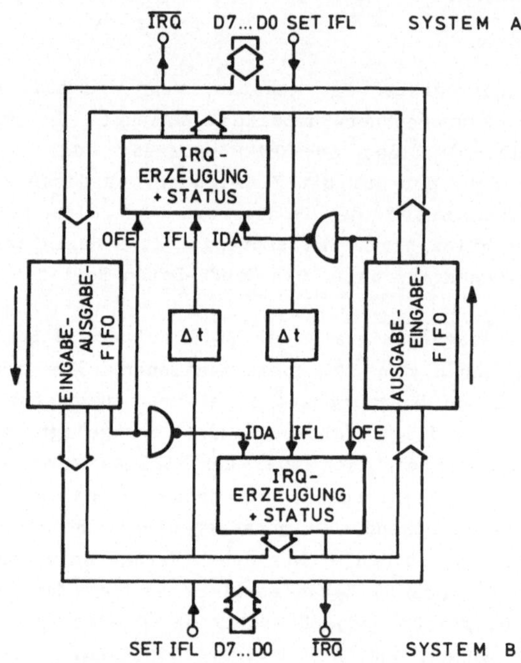

Bild 55: Bidirektionale Nahtstelle mit FIFO-Speichern, logische Struktur

Jede Datenrichtung verfügt über einen FIFO-Datenspeicher von 128 Bytes Länge, und für die Steuerung der Übertragung stehen in jeder Richtung drei Signale zur Verfügung. Bei der Bezeichnung der Baugruppen und Signale der symmetrischen Nahtstelle ist zu berücksichtigen, daß eine Datenausgabe der einen Seite einer Dateneingabe der anderen Seite entspricht.

Die Übertragungs-Steuersignale haben die folgende Bedeutung:
(siehe Beispiel in 1.2.2)

OFE (Output FIFO Empty):
Der Ausgabe-FIFO ist leer; die eventuell früher ausgegebenen Daten wurden vom anderen System bereits abgeholt. Dieses Signal erzeugt die Hardware automatisch bei einer entsprechenden Leer-Anzeige des FIFO-Speichers.

IFL (Input FIFO Loaded):
Im Eingabe-FIFO stehen gültige Daten vom anderen System zur Abholung bereit. Das Signal wird vom sendenden System nach der letzten Datenwortübertragung per Programm erzeugt und in der Hardware verzögert, um die Durchlaufzeit der Daten durch den FIFO zu berücksichtigen, was bei Blockübertragung sehr kurzer Blöcke (extrem: nur 1 Wort) wichtig ist.

IDA (Input Data Available):
Im Eingabe-FIFO steht mindestens ein gültiges Datenwort. IDA=$\overline{\text{OFE}}$

Alle drei Signale können die Erzeugung eines IRQ-Signals bewirken, wenn es für das gewählte Übertragungsverfahren zweckmäßig ist und entsprechende Masken in der Baugruppe ´IRQ-Erzeugung und Status´ freigegeben sind. Folgende Übertragungsverfahren sind u.a. möglich:

(1) Einzelwortübertragung
Das sendende System schreibt das Datenwort in seinen Ausgabe-FIFO, das ist der Eingabe-FIFO des empfangenden Systems. Durch den L→H-Übergang von IDA wird ein IRQ-Signal am Empfänger erzeugt, welches das Lesen des Datenwortes veranlaßt. Dadurch wird wieder das OFE-Signal für den Sender erzeugt, der aufgrund des IRQ-Signals z.B. das nächste Datenwort sendet.

(2) <u>Übertragung von Datenblöcken fester Länge</u>

Der zu übertragende Datenblock, dessen Länge maximal gleich der FIFO-Länge sein darf, wird in den Ausgabe-FIFO geschrieben. Danach wird vom Sender das Signal IFL erzeugt. Auf der Empfängerseite ist zweckmäßigerweise das IDA-Signal maskiert, so daß erst das IFL-Signal eine Programmunterbrechung erzeugt. Wenn dann der Datenblock vom Empfänger gelesen worden ist, erzeugt das OFE-Signal auf der Senderseite einen IRQ, so daß der nächste Transfer gestartet werden kann.

(3) <u>Übertragung von Datenblöcken variabler Länge</u>

Die Übertragung erfolgt wie bei (2). Der Unterschied besteht darin, daß bei (2) der Empfänger aufgrund der IFL-Meldung eine bestimmte Wortzahl lesen kann, während er bei Datenblöcken variabler Länge vor jeder Lese-Operation durch Prüfen des IDA-Signals im IRQ-Status-Register feststellen muß, ob noch ein zu lesendes Datenwort im Eingabe-FIFO steht. Die Abschlußmeldung an den Sender entspricht wieder der des Verfahrens (2).

Die Hardware-Realisierung der beschriebenen bidirektionalen Nahtstelle für zwei M 6800-Mikrorechnersysteme zeigt Bild 56. Zentrale Elemente der Nahtstelle sind die beiden je 128 Bytes langen FIFOs. Die Anschlüsse an die beiden Mikrorechner-Bus-Systeme erfolgen jeweils über eine PIA (MC 6820). Jeder PIA ist ein Adreßdecoder vorgeschaltet, der aus den Adreßbits A2,...,A16 mindestens ein CS-Signal (Chip Select) erzeugt; die beiden niederwertigsten Adreßbits A0 und A1 werden zur Registeranwahl (RS0, RS1) verwendet. Der Adreßdecoder muß noch eine weitere spezifische Adresse decodieren, die das Signal ´Set IFL´ ergibt und dem Empfänger einen bereitstehenden Datenblock meldet. Die Adreßdecoder sind in Bild 56 nicht gezeigt.

Die FIFO-Schaltung mit Voll- und Leer-Anzeige wurde in Abschnitt 1.2 anhand von Bild 16 und 17 bereits dargestellt, die Programmierung der beiden PIAs erfolgt gemäß den in Abschnitt 5.2.1 aufgeführten Beispielen.

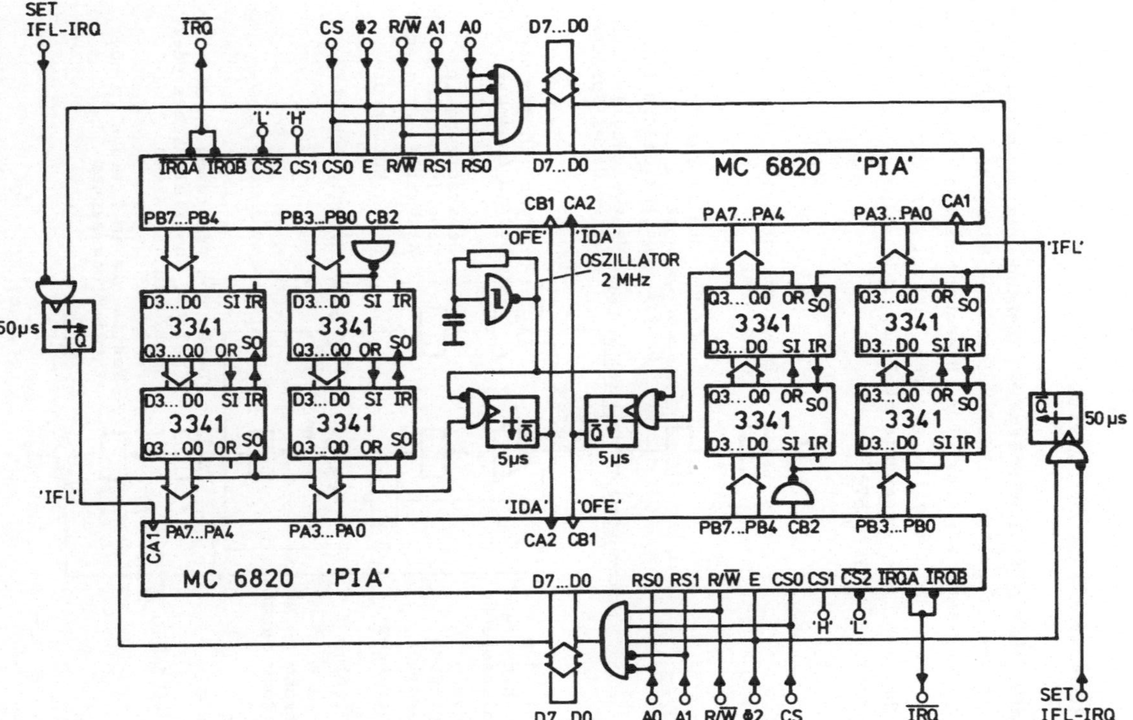

BILD 56: BIDEREKTIONALE BUS-KOPPLUNG MIT FIFO'S

6 Programmerstellung für Mikrorechner

Gegenstand dieses Kapitels ist es, anhand von Programmbeispielen für einen konkreten Mikroprozessor (M 6800) die Möglichkeiten der Programmerstellung für Mikroprozessoren darzustellen. Zunächst soll ein Überblick gegeben werden, der zeigt, in welchen Schritten die Programmerstellung für einen Mikrorechner durchgeführt wird (Bild 57).

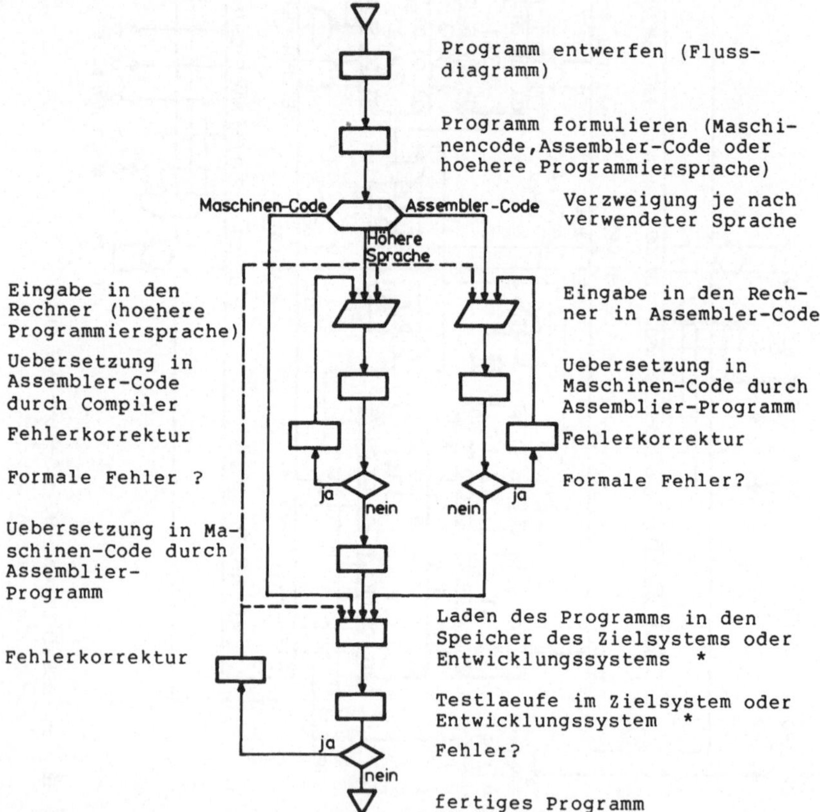

* Vergleiche Kapitel 7; statt der Testlaeufe koennen auch Simulationen auf einem Gastrechner durchgefuehrt werden

Bild 57: Ablauf der Programmerstellung für einen Mikroprozessor

Die Art der Darstellung zeigt gleichzeitig ein häufig verwendetes
Hilfsmittel beim Programm-Entwurf: das Fluß- oder Ablaufdiagramm.
Mit einem solchen Diagramm kann man sich die Einzelaktionen und
Entscheidungen übersichtlich darstellen. Wie aus Bild 57 hervor-
geht, gibt es vom programmtechnischen Vorgehen her drei mögliche
Wege zur Programmformulierung (siehe 3.4):
- Formulierung unmittelbar im Maschinencode
- Formulierung in Assembler-Schreibweise und Übersetzung in den
  Maschinencode durch ein Assemblierprogramm
- Formulierung in einer höheren Programmiersprache

Im letzten Fall ist es günstig, aber nicht bei allen Compilern
möglich, wenn die Übersetzung in zwei Stufen durchgeführt wird:
Der Compiler übersetzt das Quellprogramm in Assembler-Schreibweise. Das Assemblier-Programm (der ´Assembler´) übersetzt es
dann in Maschinencode. Diese zweistufige Übersetzung (die in
Bild 57 vorausgesetzt wurde) hat den Vorteil, daß Programmände-
rungen und -Optimierungen auf der Ebene der Assembler-Sprache
möglich sind.

6.1 Befehlsvorrat und Adressierungsarten eines Mikroprozessors

Der zu betrachtende Mikroprozessor M 6800 kennt 71 verschiedene
Befehle und sieben verschiedene Adressierungsarten. Die Befehle
lassen sich aus der Sicht des Programmierers in 5 Klassen einteilen:

- Daten-Transport-Befehle
- Arithmetische und logische Operationen
- Test- und Vergleichs-Befehle
- Verzweigungen
- Organisatorische Befehle (´Assembler-Anweisungen´ -
                           siehe 6.3)

Für die Befehle gibt es weiter wichtige Unterschiede in der Angabe der Operanden. Diese können z.B. unmittelbar angegeben werden, oder es wird ihre Adresse angegeben. Im einzelnen gibt es
für den M 6800 die nachstehend beschriebenen Adressierungsarten.
Dabei sind die Befehle in M6800 Assembler-Schreibweise angegeben; die Register des M6800 sind in Bild 48 wiedergegeben.

(1) 1-Byte-Befehle

Inhärente und Akkumulator-Adressierung:
Der Befehlscode selbst enthält die Operanden-Angaben bzw. die
angesprochenen Register.

Beispiele:

CLRA	Clear Accumulator A
TAB	Transfer Accu A → Accu B
CBA	Compare Accumulators
ROLA	Rotate Left 1 Bit Accu A
INX	Increment Index Register

(2) 2- und 3-Byte-Befehle

Unmittelbare Adressierung (Immediate Addressing)

Zelle n   Befehlswort (Op-Code mit Register-Angabe)

Zelle n + 1   8 Bit-Daten oder { 16 Bit-Daten

Zelle n + 2

Bei Befehlen, die sich auf 8-Bit-Register (Akku A, Akku B) beziehen, folgt dem Befehlswort 1 Byte Operand; bei Befehlen, die
sich auf 16-Bit-Register (Index-Register, Stack Pointer) beziehen, folgen dem Befehlswort 2 Bytes Operand.

Beispiele:

LDA A #6	Akku A := 6	*
LDS #$FF00	SP := $FF00	*
LDA A #%00000110	Akku A := 6	*

---

* Bemerkung zur Schreibweise:

ist Kennzeichnung für unmittelbare (immediate) Wertangabe,

$ ist Kennzeichnung hexadezimaler Wertangabe; $FF00 ist gleich-
bedeutend mit $FF00_{(16)}

% kennzeichnet den folgenden Zahlenwert als Binärmuster.

(3) Direkte und erweiterte direkte Adressierung
(Direct Addressing, Extended Addressing)

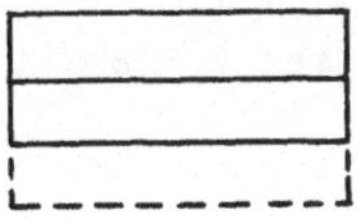

Zelle n	Op-Code (ggf. mit Register-Angabe)
Zelle n + 1	8 Bit Adresse oder 16 Bit Adresse
Zelle n + 2	(direkt) (erweitert)

Die auf den Operationscode folgende(n) Zelle(n) enthält (enthalten) die Operandenadresse. Bei ´direct´-Adressierung gibt es nur 1 Byte Adresse, daher sind nur die Adressen 0 bis 255 auf diese Weise adressierbar (d.h. die oberen 8 Adreßbits werden zu 0 angenommen). Bei ´extended´-Adressierung sind 2 Byte Adresse vorgesehen, daher sind alle 64K Zellen des Adreßraums adressierbar.

Beispiele: ´Direct´:   LDA   A   99   Lade Akku A mit dem
                                              Inhalt der Zelle 99

           ´Extended´: LDA   A   5000   Lade Akku A mit dem
                                              Inhalt der Zelle 5000

                        JMP   2048   Fortsetzung des Programms
                                              bei Adresse 2048

Das Assemblierprogramm übersetzt den Assemblerbefehl in Abhängigkeit von der Adresse entweder in einen Maschinencode mit ´direct´- oder ´extended´-Adressierung.

(4) Indizierte Adressierung

Zelle n	Op-Code mit Register-Angabe
Zelle n + 1	Displacement (0 bis 255) (Verschiebung)

Indizierte Adressierung bezieht sich immer auf das Indexregister (feste Register-Zuordnung). Die Verschiebung kann zwischen 0 und 255 betragen.

Beispiel: LDA   A   100,X
                     Lade Akku A mit dem Inhalt der Zelle, deren
                     Adresse der um 100 erhöhte Inhalt des Index-
                     registers ist.

(5) Relative Adressierung

Zelle n   Op-Code
Zelle n + 1   8 Bit Offset (-128 bis + 127)

Beispiel: BRA *-20
                 Fortsetzung des Programms bei der
                 Adresse, die sich aus dem aktuellen
                 PC-Stand (Symbol:*) minus 20 ergibt.

Bei Ausführung des Befehls ist der aktuelle PC-Stand bereits um 2 inkrementiert, daher verweist im obigen Beispiel der Befehl auf eine Adresse, die um 18 Schritte vor der Adresse des Befehls liegt.

6.2 Programmierung im Maschinencode

Beim Programmieren im Maschinencode (Object Code), also als Bitmuster oder Hexa-Zeichen, hat der Programmierer folgende Aufgaben zu erfüllen:
- Heraussuchen des Maschinencodes für jeden Befehl
- Festlegung der absoluten Adresse für jeden Befehl anhand der Länge der vorangegangenen Befehle (Es gibt Befehle mit einer Länge von 1, 2, 3 Bytes!)
- Berechnen des Displacement bzw. des Offset bei indizierter oder relativer Adressierung als Dualzahl; bei Rückwärts-Verweis muß der Offset als Dualzahl im 2er-Komplement angegeben werden.
- Eintragen der Vorwärtsverweisadressen bei einem zweiten Durchgang durchs Programm.

Das folgende kleine Beispiel soll dies belegen. Statt der binären Schreibweise wird hier die bequemere Hexadezimal-Schreibweise verwendet, die je 4 Bit zu einer der Hexa-Ziffern 0 bis F zusammenfaßt. Das Programmstück, das bei Adresse $FC00 beginnt, soll folgende Aufgabe erfüllen: ´Dekrementieren des Inhalt der Zelle $1000, bis ihr Inhalt 00 ist´

```
Hexa-     Hexa-
Adresse   Code
FC00      B6    Op. Code   ⎫   Lade  den  Inhalt  der  Zelle  $1000
FC01      10 ⎤ Operanden- ⎬   in den Akkumulator A
FC02      00 ⎦ Adresse     ⎭
FC03      4A    Op. Code       Dekrementiere  den  Inhalt  des
                               Akku A
FC04      26    Op. Code   ⎫   Rücksprung nach Adr. $FC03, falls
FC05      FD    Offset*    ⎭   der Akku-Inhalt ≠ 00
FC06            Adresse des nächsten Befehls
```

* FD ist die 2-Komplement-Darstellung der Dezimalzahl -3 in Hexa-
dezimaldarstellung. Bei der Berechnung des Offset bei BRANCH-
Befehlen muß berücksichtigt werden, daß der Programmzähler
bei Ausführung eines Befehls bereits die Adresse des nächsten
Befehls enthält.

Bei Änderungen an irgendeiner Stelle im Programm, die ein Ein-
fügen oder Weglassen von Befehlen bedeuten, ändern sich die Adressen aller folgenden Befehle! Eine derartige Änderung ist erfah-
rungsgemäß sehr zeitraubend und fehleranfällig, da der Maschinencode eine unübersichtliche Programmdarstellung ist. Die Programmierung in Maschinencode ist daher nur zur Beseitigung von
Fehlern in Programmen sinnvoll, wenn nicht mehr als etwa 10 Befehle so zu formulieren sind. Sie ist nicht praktikabel für die
Erstellung größerer Programme.

6.3 Programmierung in Assembler-Schreibweise

In der Assembler-Schreibweise, auch Assembler-Sprache genannt,
gibt es für jeden ausführbaren Befehl eines Prozessors eine ge-
dächtnisstützende Abkürzung. Anstelle des Maschinencodes gibt
der Programmierer diese Abkürzung an. Für den oder die Operanden eines Befehls kann der Wert entweder direkt in dezimaler,
hexadezimaler, oktaler oder binärer Ziffern-Schreibweise oder
symbolisch angegeben werden. Als symbolische Angabe gilt eine
vom Programmierer in gewissen Grenzen frei wählbare Bezeichnung
für Daten und Adressen. Das Assemblier-Programm führt eine Symbolliste, in der zu jeder symbolischen Angabe der reale Wert (Daten

oder Adresse) verzeichnet wird. Die Übersetzung des Programms in Maschinencode erfolgt meistens in zwei Durchläufen ('Two Pass Assembler'). Im ersten Durchlauf wird die Symbolliste erstellt, im zweiten Durchlauf wird die eigentliche Übersetzung unter Verwendung der dann festgelegten Werte durchgeführt. Neben solchen Assembler-Befehlen, die Maschinencode-Befehlen des Mikroprozessors entsprechen, gibt es noch organisatorische Anweisungen an das Assemblierprogramm, die vor allem für die Zuweisung von symbolischen Adressen und für die Zuweisung von Adressen zu Programmen dienen. Die folgenden Befehle in Assembler-Schreibweise des M 6800 mögen als Beispiele dienen:

(1) INC A   Erhöhe den Inhalt des Akkumulators A um
                        1 (INCrement)

(2) LDA A #24   Lade in den Akku A unmittelbar (das duale
                        Äquivalent der Dezimalzahl) 24
                        (LoaD Accumulator)

(3) LDA A 1024   Lade den Akku A mit dem Inhalt der Zelle
                        1024

(4) STA A HILF+2   Speichere den Inhalt des Akku A in die 2.
                        Zelle nach der symbolishen Adresse HILF
                        (STore Accumulator)

(5) BCC   MARKE   Programmverzweigung nach MARKE, falls CARRY
                        = 0 (Branch if Carry Clear)

(6) BGT   MARKE   Programmverzweigung nach MARKE, falls das
                        letzte Ergebnis einer Operation größer als
                        null war (Branch if GreaTer Zero)

(7) LDA A 5,X   Lade Akku A indiziert mit Verschiebung 5

Beim Programmieren im Assemblercode gibt man nur den Assemblercode an. Die Adreßzuordnung aller Befehle und Anweisungen nimmt das Assemblier-Programm vor, wobei die Anfangsadresse angegeben werden muß. In den vorangegangenen Beispielen sind verschiedene Adressierungsarten verwendet (vgl. 6.1):
- Befehl 1 (INC A) verwendet Akkumulator-Adressierung
- Befehl 2 (LDA A #24) verwendet unmittelbare Adressierung
- Befehl 3 (LDA A 1024) verwendet erweiterte direkte Adressierung, dabei ist die Adresse absolut angegeben.

- Befehl 4 verwendet als Operand eine symbolische Adresse, die
  vom Assemblier-Programm in eine absolute Adresse umgewandelt
  wird. Dabei bestimmt das Assemblier-Programm die Adressierungsart: Wenn HILF+2 einer Adresse im Bereich 0 bis 255 entspricht,
  wird direkte, sonst erweiterte direkte Adressierung vorgenommen.
- Die Befehle 5 und 6 zeigen Beispiele relativer Adressierung.
  Die Berechnung der Sprungdistanz wird in diesen Fällen vom
  Assemblier-Programm vorgenommen.
- Befehl 7 zeigt ein Beispiel indizierter Adressierung mit Verschiebung. Die Adresse des Operanden ergibt sich aus dem Inhalt
  des Index-Registers, erhöht um die im Befehl angegebene Verschiebung 5.

Die Zuordnung einer symbolischen Adresse kann vom Programmierer explizit vorgenommen werden durch die EQU-Assembler-Anwei-
sung (EQUate):

                    HILF   EQU 512

Oder die Zuweisung geschieht durch das Assemblierprogramm, indem die symbolische Adresse als Marke verwendet wird:

                    MARKE   LDA A #24

Aus dem Gesagten wird auch deutlich, daß die Programmierung in
Assemblersprache das Abzählen der Adressen erspart, mit dem man
sich sonst die Operandenadressen ermitteln müßte. Das Übersetzer-
programm ordnet dem symbolischen Namen die Adresse zu, weshalb
man von symbolischer Adressierung spricht.

Das folgende Beispiel soll die Möglichkeiten der Programmierung
in Assembler-Sprache illustrieren:

Beispielprogramm: Bit-Zählen

In einer 24-stelligen Schalterreihe (24 Bits = 3 Bytes) soll
die Anzahl der auf ´1´ gesetzten Bits ermittelt werden. Die Schal-
ter seien unter den Adressen 1024, 1025, 1026 lesbar. Das Ergebnis, eine Zahl zwischen 0 und 24, soll in der RAM-Zelle mit
der Adresse 512 abgelegt werden. Das Programm selbst soll in
einem PROM ab Adresse $F000 abgelegt werden.

Beispieldaten:

```
01100100    10000010    00001000
Adr.:1024    1025        1026
```

Ergebnis in Zelle 512: 00000110

Bild 58 zeigt das Flußdiagramm des Programms. Zunächst werden die Schalterstellungen gelesen und in RAM-Hilfszellen (Adressen 513, 514, 515) zwischengespeichert. Durch Verschieben aller 24 Bit (also der verketteten Zellen 513, 514, 515) wird dann das gesamte Bitmuster abgetastet, wobei jedesmal das Carry-Bit als Anzeige einer gesetzten ´1´ benutzt wird.

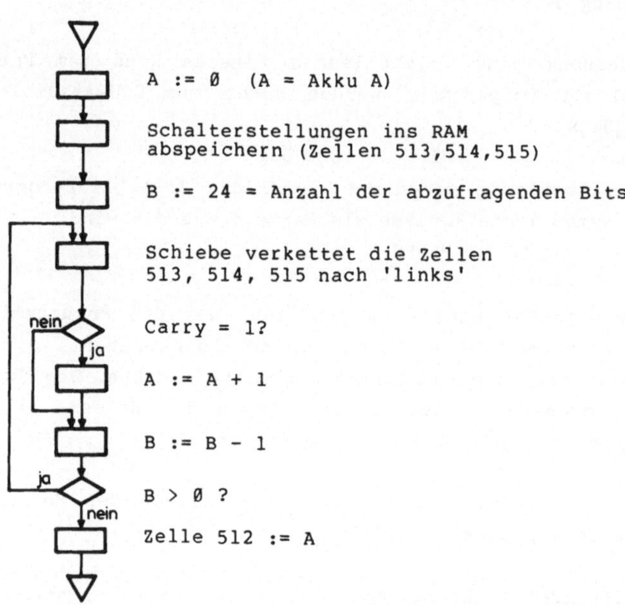

Bild 58: Flußdiagramm des Beispiel-Programms

Das verkettete Schieben der 24-Bit-Kette geschieht mit Hilfe spezieller Shift-Befehle. Diese Operationen ASL (Arithmetic Shift Left) und ROL (ROtate Left) haben folgende Wirkung (Bild 59)

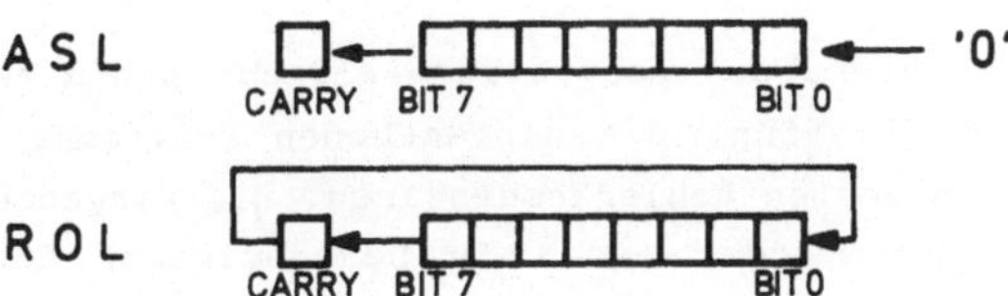

Bild 59

Daraus ergibt sich die folgende Befehlsfolge für die 24-Bit-Schie-
be-Operation:

```
                    ASL   HILF+2
                    ROL   HILF+1
                    ROL   HILF
```

Das Carry-Bit enthält nach der letzten Operation genau das höchstwertige Bit des verschobenen 24-Bit-Wortes. Das gesamte Programm
besteht aus folgender Befehlsfolge:

```
ERG      EQU    512        ⎫  Assembler-Anweisungen zur Defini-
HILF     EQU    513        ⎭  tion der Variablen ERG, HILF
         ORG    $F000         Anfangsadresse fuer die folgenden
                              Befehle festlegen (Assembler-
                              Anweisung)
         CLR A                Clear Accu A
         LDA B 1024        ⎫
         STA B HILF        ⎪  Umspeichern der Schalterstellungen
         LDA B 1025        ⎬  in RAM-Zellen ueber Accu B als
         STA B HILF+1      ⎪  Zwischenspeicher
         LDA B 1026        ⎪
         STA B HILF+2      ⎭
         LDA B #24            Accu B := 24
SHIFT    ASL    HILF+2     ⎫  Verkettetes Links-Schieben der
         ROL    HILF+1     ⎬  Zellen HILF, HILF+1, HILF+2
         ROL    HILF       ⎭
         BCC    NOCARY        Verzweigung nach NOCARY, falls
                              Carry=0
         INC A                Accu A := Accu A + 1
NOCARY DEC B                  Accu B := Accu B - 1
         BGT    SHIFT         Verzweigung nach SHIFT, falls B>0
         STA A ERG            Abspeichern des Ergebnisses in
                              Zelle ERG (Adresse 512)
```

Beim Übersetzen liefert das Assemblier-Programm neben dem Maschinencode noch ein ´Listing´ des eingegebenen Programms im Assembler-Code mit eventuellen Fehlerkommentaren. Die vergebenen Adressen und der Maschinencode werden in hexadezimaler Schreibweise
wiedergegeben (Bild 60). Die Ausgabe des Maschinencode durch
ein Assemblier-Programm erfolgt meistens in Form eines speziellen
Object Code (vgl. Bild 60). Darin sind einerseits der Maschinencode als Hexa-Zeichen dargestellt und andererseits bestimmte
Anfangs-, Ende- und Prüfzeichen dazugefügt. Das geschieht, da
dieser Code ohnehin meistens maschinell weiterverwendet wird,
etwa als Lochstreifen zum PROM-Programmieren oder zum Laden in
das RAM eines Mikrorechners, der über ein geeignetes Ladeprogramm
verfügt (z.B. Entwicklungssystem - vgl. 7.1)

Insgesamt kann man zur Assembler-Programmierung also feststellen:
Man muß sich mit einer Reihe zusätzlicher Handhabungen und Vor-
schriften vertraut machen, die alle mit dem Übersetzungsvorgang
zusammenhängen. Diese Arbeit lohnt sich jedoch schnell, sobald
Programme erstellt werden, die über ein paar Befehle hinausgehen.
Die Zuordnung von Befehls-Abkürzung (mnemotechnischer Code) zu
einem bestimmten Prozessorbefehl beinhaltet für den Programmierer alle Möglichkeiten der Programmierung und die genaue Ein-
schätzung von Speicherplatzbedarf und Laufzeit eines Programms.

Eine vollständige Liste der Befehle des M 6800 in Assembler-
Schreibweise sowie der Assembler-Anweisungen ist im Anhang aufgeführt.

6.4 <u>Programmierung in höheren Programmiersprachen</u>

Mit dem Begriff ´Höhere Programmiersprachen´ sind Schreibweisen gemeint, bei denen die Daten-Verarbeitungsvorschrift, der
Algorithmus, im Vordergrund steht. Als Programmierer braucht
man den Befehlsvorrat des Prozessors nicht zu kennen. Die einzelnen Anweisungen entsprechen meist einer Vielzahl von Assembler-
bzw. Maschinencode-Befehlen. Das Übersetzer-Programm, der Compiler, ist selbst ein großes, kompliziertes Programm von typisch

```
              MOTOROLA M68SAM CROSS-ASSMBLER        PAGE  1


       M68SAM IS THE PROPERTY OF MOTOROLA SPD, INC.
          COPYRIGHT 1974 BY MOTOROLA INC

       MOTOROLA M6800 CROSS ASSEMBLER, RELEASE 1.0

00001                          NAM     TEUB1
00002                          OPT     LIST
00003                 * ASSEMBLER-ANWEISUNGEN
00004         0200     ERG     EQU     512
00005         0201     HILF    EQU     513
00006 F000                     ORG     $F000       PROGRAMM-ANFANGSADRESSE
00007 F000 4F              CLR A                    CLEAR AKKU A
00008 F001 F6 0400         LDA B   1024            UMSPEICHERN DER SCHALTER-
00009 F004 F7 0201         STA B   HILF            STELLUNGEN IN RAM-ZELLEN
00010 F007 F6 0401         LDA B   1025
00011 F00A F7 0202         STA B   HILF+1
00012 F00D F6 0402         LDA B   1026
00013 F010 F7 0203         STA B   HILF+2
00014 F013 C6 18           LDA B   #24             AKKU B:=24
00015                 * BEGINN DER SCHLEIFE
00016 F015 78 0203 SHIFT   ASL     HILF+2          VERKETTETES LINKS-
00017 F018 79 0202         ROL     HILF+1          SCHIEBEN DER ZELLEN
00018 F01B 79 0201         ROL     HILF            HILF,HILF+1,HILF+2
00019 F01E 24 01           BCC     NOCARY          VERZWEIGUNG FALLS C=0
00020 F020 4C              INC A                    INCREMENT AKKU A
00021 F021 5A       NOCARY DEC B                    DECREMENT AKKU B
00022 F022 2E F1           BGT     SHIFT           VERZW.FALLS B GROESSER 0
00023 F024 B7 0200         STA A   ERG             ERGEBNIS NACH ERG
00024                       END     ENDE            DES PROGRAMMS


SYMBOL TABLE


ERG    0200  HILF   0201  SHIFT  F015  NOCARY F021
```

a) Listing mit Maschinencode und Assembler-Code

```
S00600004844521B                                    Start-Kennung
S113F0004FF60400F70201F60401F70202F60402C7 ⎫
S113F010F70203C61878020379020279020124017 7 ⎬ Maschinencode
S10AF0204C5A2EF1B7020067                    ⎭
S9030000FC                                          Ende-Kennung
```

        Start-Adresse des Maschinencode in der Zeile
    Zahl der Bytes in der Zeile
Zeilen-Kopf

Die beiden letzten Zeichen in jeder Zeile sind
das Zeilen-Paritäts-Byte

b) Object Code

Bild 60: Beispielprogramm Bit-Zählen

20K bis 100K Bytes Länge. Dies wird vielleicht klar, wenn man
bedenkt, daß man bei Programmieren einfach schreiben kann:

A = B * C (A ergibt sich als Produkt von B und C)

Diese Anweisung muß ein umfangreiches Programm im Maschinencode
erzeugen, wenn der Mikroprozessor selbst keinen Multiplikations-
befehl kennt.

Programmiersprachen dieser Qualität nennt man auch problemorientierte Sprachen, weil die erlaubten Schreibweisen sich nicht
an der Struktur des verwendeten Rechner-Typs, sondern an den
zu bearbeitenden Problemen orientieren. Für technisch-mathema-
tische Probleme haben sich ALGOL, FORTRAN, PL/1 und - als besonders leicht erlernbare Sprache - BASIC eingeführt. Sie wurden
ursprünglich für die Verwendung an großen Rechenanlagen mit deren
großer Geschwindigkeit und Speichergröße entwickelt. Inzwischen
sind auch vereinfachte Versionen einiger dieser Sprachen für
Mikrorechner erhältlich. Die Verwendung dieser Sprachen empfiehlt
sich speziell dort, wo umfangreiche Datenbearbeitungen (Rechnen,
Textmanipulationen) vorzunehmen sind. Für kompliziertere Aufgaben
bei der Versorgung von Peripherie-Geräten sind alle diese Sprachen ungeeignet.

Eine Problematik, die sich aus der Verwendung problemorientierter
Sprachen ergibt, ist ferner die, daß der Programmierer in der
Regel nicht weiß, wieviele Einzel-Maschinenbefehle sich aus den
jeweiligen Anweisungen ergeben. Es ist also ungewiß, wie lang
das Programm wird und wieviel Zeit es zum Lauf brauchen wird.
Der Speicherplatzbedarf wird allerdings vom Compiler später angegeben. Man muß also feststellen, daß bei Programmierung in höheren Sprachen die Programme in Speicherplatzbedarf und Laufzeit
zunächst unkalkulierbar sind. Wenn allerdings genügend Speicher-
platz zur Verfügung steht und keine zeitkritischen Aufgaben zu
bearbeiten sind, ist es eine ganz erhebliche Erleichterung, problemorientierte Sprachen zu benutzen. Was auf dieser Basis er-
reichbar ist, zeigen die folgenden Beispiele von Anweisungen
in der Sprache MPL, einer Teilmenge von PL/1, für die ein Compiler für die Übersetzung in M 6800-Assembler-Code verfügbar ist.

Es können Rechenanweisungen in mathematischer Form gegeben werden:

    WERT = 5 * (1+X/Y)

Links vom Gleichheitszeichen darf nur eine Variable für das Ergebnis des rechtsseitigen Ausdrucks stehen. Der Ausdruck selbst
darf die vier Grundrechenarten sowie AND, OR, EXOR und SHIFT-Ope-
ration mit Klammer-Schachtelung beinhalten. Die Art der Variablen (Zahl der Bytes) wird in einer DECLARE-Anweisung angegeben.
So kann z.B. vereinbart werden, daß die Variable ´LISTE´ 10 Elemente zu je 16 Bit enthalten möge. Jede Operation mit einem derartigen Listenelement bezieht sich dann selbstverständlich auf
beide Bytes des 16 Bit-Elements:

    DECLARE   LISTE(10) BINARY(2)   LISTE hat 10 Elemente,
                                    die je 2 Bit umfassen
    LISTE(1) = 15 * LISTE(2) - 1   LISTE-Element 1 ergibt
                                    sich aus 15 mal LISTE-
                                    Element 2 minus 1

Der arithmetische Ausdruck wird aufgrund des vereinbarten Variab-
lentyps automatisch mit sog. doppelter Genauigkeit, d.h. 16 Bit,
berechnet.

Speziell für die Bearbeitung von Listen oder Tabellen in Form
von Wiederholungsschleifen gibt es eigene Anweisungen:

    DO I = 1 TO 9
    LISTE (I) = LISTE (I+1)
    END

Diese Schleife bewirkt, daß insgesamt 9mal die innere LISTE-Zuwei-
sung nacheinander mit allen Elementen von I = 1 bis 9 geschieht.
Das bedeutet, daß nach Bearbeitung dieses Programmstücks alle
Listenelemente um eins nach ´unten´ verschoben worden sind:

    LISTE(n) ⇒ LISTE(n-1)

Dieses Beispiel zeigt deutlich, wie leicht sich eine komplizierte
Aufgabe formulieren läßt. Die Aufgabe des Compiler-Programms ist
es nun, diese Schreibweise in Assembler-Sprache zu übersetzen.
Aus obiger DO-Schleife macht der MPL-Compiler folgenden Assembler-
code (Auszug aus einem längeren Programm, Bild 61):

```
*00004      DO  J = 1 TO 9
Z001    LDA A  #1
Z002    STA A  J
*00005         LISTE(J) = LISTE(J+1)
        LDX    #LISTE+2
        JSR    ZF04
        BRA    *+5
        FCB    ?
        FDB    J
        LDA B  0,X
        LDA A  1,X
        LDX    #LISTE
        JSR    ZF04
        BRA    *+5
        FCB    2
        FDB    J
        STA B  0,X
        STA A  1,X
        LDA A  J
        CMP A  #9
        BCC    Z003
        INC A
        JMP    Z002
*00006      END
```

```
        JSR    ZF04  ⎫
        BRA    *+5   ⎬  Unterprogramm-Aufruf mit
        FCB    ?     ⎭  Parameter-Übergabe

        JSR    ZF04  ⎫
        BRA    *+5   ⎬  Unterprogramm-Aufruf mit
        FCB    2     ⎭  Parameter-Übergabe
```

Bild 61: MPL-Beispiel-Programmstück

Dabei werden die MPL-Anweisungen (Zeilen 1, 4, 24) als Kommentar
(kenntlich durch den Stern in der ersten Spalte) in das Assem-
bler-Listing übernommen. Die Unterprogramm-Aufrufe in den Zeilen
6 und 13 mit den jeweils nachfolgenden Parameter-Feldern dienen
hier der Berechnung der Adresse des LISTE-Elements. Die notwendi-
gen Unterprogramme fügt der Compiler selbständig an das Programm
an. Er entnimmt sie einer Programm-Bibliothek, die zum Compiler
gehört. Im Beispiel wird das Unterprogramm ZF04 zweimal aufgeru-
fen. Dieses Unterprogramm ist ein Hilfsprogramm für die Adreß-
Rechnung bei indizierten Variablen.

6.5 Programmierungstechniken für Mikrorechner

Neben der Kenntnis der einzusetzenden Programmiersprache benötigt der Programmierer eines Mikroprozessors die Kenntnis ge-
wisser Programmierungstechniken, die normalerweise bei der Programmierung eines größeren Rechners nicht notwendig sind, da

sie dort von Betriebsprogrammen des Rechners geliefert werden.
Dies betrifft insbesondere die Programm-Unterbrechungen und komplexe Arithmetik oder Arithmetik mit größerer Datenbreite. Für
diese Aufgaben gibt es bewährte Methoden, die im folgenden kurz
dargestellt werden. Dabei soll nicht verschwiegen werden, daß
die Lösung derartiger Aufgaben in Zukunft mehr und mehr komplett
vom Hersteller des Mikroprozessors bezogen werden kann (Programm-
Bibliothek). Damit verlagern sich die Verfahrensfragen auf das
Gebiet der jeweiligen Anwendung (Such- und Sortier-Strategien,
Rekursive Methoden usw.). Die Besprechung derartiger Probleme
kann hier verständlicherweise nicht stattfinden.

Arithmetische Verarbeitungen

Aus dem Befehlsvorrat der Mikroprozessoren geht deren Rechenfähig-
keit etwa wie folgt hervor:
- Addition und Subtraktion von Zahlen der Länge 1 oder 2 Bytes
  zu 8 Bit.
- Zahlendarstellung im Dualsystem, wahlweise vorzeichenlos oder
  im 2er-Komplement.
- Selten sind Multiplikation und Division verfügbar.

Sollen, auf diesen Fähigkeiten aufbauend, komplizierte Rechenarten oder größere Datenbreiten verarbeitet werden, so muß man
dies programmieren. Um solche Rechenprogramme schreiben zu
können, sollte man sich mit der dualen Zahlendarstellung ganz
besonders gut vertraut machen. Kaum Schwierigkeiten bereitet
die Aufgabe, z.B. 4 Byte-Zahlen (32 Bit) zu addieren. Einen
jeweiligen Übertrag von einem auf das nächsthöhere Byte findet
man nach jeder Byte-weisen Einzeladdition im Carry-Bit des
Status-Registers. Mit geeigneten Befehlen (siehe Beispiel) kann
dieser Übertrag jeweils mit berücksichtigt werden.

<u>Beispiel:</u> 2-Byte-Subtraktion (M 6800)

$$Z := Z - M$$ Z, M bestehen jeweils aus zwei hintereinanderliegenden Bytes.

Assembler-Befehle:

```
LDA A   Z+1    Z (niederwertiges Byte) in Akku A laden
SUB A   M+1    M (niederwertiges Byte) subtrahieren, Ergeb-
               nis in Akku A. Mit dieser Operation wird
               das Carry-Bit entsprechend gesetzt.
STA A   Z+1    niederwertiges Byte des Ergebnisses abspei-
               chern
LDA A   Z      Z (höherwertiges Byte) in Akku A
SBC A   M      M (höherwertiges Byte) wird subtrahiert
               unter Berücksichtigung des Carry-Bits (Die
               beiden vorangegangenen Befehle haben das
               Carry-Bit nicht verändert.)
STA A   Z      höherwertiges Byte des Ergebnisses abspei-
               chern.
```

Dieses Verfahren läßt sich beliebig ausdehnen. Man beginnt beim niederstwertigen Byte und verwendet bei der Verknüpfung der höherwertigen Bytes das jeweils zuvor erzeugte Carry-Bit. Dabei erzeugt man gleich wieder ein neues Carry. Man sieht, daß der Prozessor vom Befehlsvorrat her diese Multi-Byte-Operation unterstützt. Dies gilt für praktisch alle Mikroprozessoren.

Deutlich anders ist das jedoch bei Multiplikation und Division. Zur Zeit ist von den bekannteren Mikroprozessoren nur der Texas-Instruments-Prozessor 9900 mit Befehlen für diese Rechenarten ausgestattet. Bei allen anderen Prozessoren muß ein Programm diese Aufgabe ausführen. Hier soll nur angedeutet werden, wie z.B. dual multipliziert werden kann - völlig analog zum Rechnen mit Dezimalzahlen:

<u>Beispiel</u> (6 mal 10):

$$0110 * 1010$$
$$0110$$
$$0000$$
$$0110$$
$$\underline{0000}$$
$$0111100 = 60(dez.)$$

Wie man sieht, ist das Ergebnis länger als die einzelnen Operanden (maximal: die Summe der Längen der Operanden). Für jede ´1´ im Multiplikator (rechter Operand) wird entsprechend der Stelle der Multiplikand verschoben, und für das Ergebnis in Rechnung gestellt. In einer Wiederholungsschleife kann dieser Ablauf programmiert werden. Er besteht aus: Schieben, Bit-Testen und Addieren. Die Wiederholungsanzahl ergibt sich aus der Länge der Operanden. Derartige Rechenprogramme haben natürlich eine Laufzeit, die von der Datenlänge abhängt. Als Hinweis: eine 16-Bit-Multiplikation dauert ca. 150 Befehlszyklen, also mehrere hundert Mikrosekunden.

Noch kompliziertere Rechenarten, wie Radizieren oder gar Logarithmieren, Potenzieren und Funktionsbildungen (sin, cos), dauern noch wesentlich länger. Sie werden in Algorithmen bearbeitet, die häufig fortgesetzte Multiplikation und Division benutzen.

<u>Programm-Unterbrechungen</u>

Alle Mikroprozessoren bieten die Hardware-Möglichkeit, eine Unterbrechungs-Anforderung an den Prozessor zu stellen. Für externe (geräteseitige) Ereignisse wird dies benutzt. Wenn der Prozessor gerade ein Programm bearbeitet (z.B. langlaufende Arithmetik) und eine Unterbrechung ausgeführt werden soll, so wird
- der Zustand (Status, Kontext) des bisher laufenden Programms gerettet und
- die Quelle der Anforderung ermittelt, um das zugehörige Bearbeitungsprogramm zu starten.

Zum unbedingt zu rettenden Zustand des Prozesses, der gerade bearbeitet wird, gehört als erstes der aktuelle Befehlszählerstand (PC) und das Statusregister (CCR, Condition Code Register). Da im Rahmen der Interrupt-Verarbeitung möglicherweise auch andere Register (Akkus, Indexregister) verändert werden müssen, ist es sinnvoll, auch diese teilweise oder alle zu retten. Was heißt nun retten? Bei allen üblichen Mikroprozessoren gibt es ein spezielles Register, das als Stack-Pointer (Stapel-Zeiger) bezeichnet wird. Im Initialisierungs-Abschnitt des Programms wird dieses Register mit der Adresse eines RAM-Bereichs geladen, der dann das Ziel der erwähnten Rett-Aktion werden soll. Die Benutzung dieses Stack-Pointers hat nun einige spezielle Eigenschaften, die auch den Namen erklären. Bei jedem schreibenden Speicherzugriff, bei dem der Inhalt des Stack-Pointers als Ziel-Adresse benutzt wird, wird nach diesem Abspeichern sofort automatisch der Inhalt des Stack-Pointers um 1 erniedrigt (dekrementiert). Jeder neue, gleichartige Speicherzugriff beschreibt also die jeweils nächst niedrigere Zelle im Speicher. Beim Lese-Zugriff mit Stack-Pointer-Adressierung wird zuerst der Inhalt des StackPointers inkrementiert und dann die so adressierte Zelle gelesen. Auf diese Weise wird der betreffende Speicherbereich so betrieben, daß immer die zuletzt beschriebenen Zellen wieder zuerst gelesen werden, in der umgekehrten Folge des Schreibens. Die Datenworte werden in diesem Speicherbereich wie auf einem Stapel (´Stack´) abgelegt (First In, Last Out = FILO oder Last In, First Out = LIFO). Der Inhalt des Stack-Pointer-Registers zeigt also immer auf die erste freie Speicherzelle vor den belegten Zellen des Stapelbereichs (Bild 62).

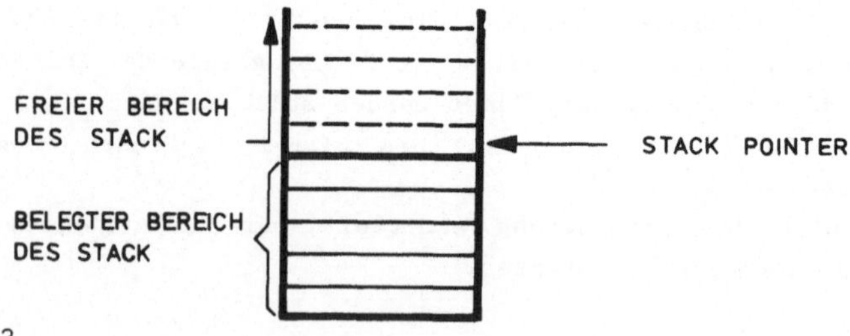

Bild 62

Wie bereits erwähnt, ist dieser Stapelbereich das Daten-Rett-Ziel bei Programm-Unterbrechungen sein. Der Stapel wird dabei 'aufgestockt' mit den Inhalten der geretteten Register. Auf diese Weise können Unterbrechungen auch geschachtelt auftreten und verarbeitet werden. 'Oben' auf dem Stapel liegt immer die Status-Information des zuletzt unterbrochenen Programms. Dieses wird später auch zuerst wieder fortgeführt, wenn mit Hilfe eines speziellen Rückkehrbefehls der Status inclusive Programmzähler wieder vom Stapel her in die Register zurückgeladen wird. Die verschiedenen Mikroprozessoren unterscheiden sich hinsichtlich des Umfangs, der automatischen Rettung bei Unterbrechung. Einige Prozessoren retten nur den PC (8080, Z 80), andere retten alle Register (M 6800, siehe Kap. 5).

Auch völlig andere Konzepte der Unterbrechungs-Organisation sind an bedeutenden Beispielen realisiert (Texas Instruments 9900). Ohne näher darauf einzugehen: Dort hat jedes einer möglichen Interrupt-Quelle zugeordnete Programm seinen eigenen Datenbereich (Workspace), in dem alle Register abgebildet sind. Bei Unterbrechungen braucht im Prinzip nur das Workspace-Zeiger-Register umgeladen zu werden.

Abschließend soll noch auf ein anderes Problem im Zusammenhang mit Interrupt-Verarbeitung eingegangen werden: Die Identifikation der Anforderungsquelle. Das ist notwendig, weil zu jeder Anforderung eine spezielles Bearbeitungsprogramm gehört.

Die Identifikation kann umständlich sein, wenn nur ein sog. Sammelalarm, eine einzige Interrupt-Request-Leitung vorliegt, an der alle Geräte parallel liegen. Dann muß in einem Suchprogramm (Polling), gestartet mit dem Interrupt-Signal, jede Anschlußstelle einzeln abgefragt werden (Status-Anzeige-Register der Peripherie-Geräte lesen). Bis das anfordernde Gerät gefunden ist, kann einige Zeit vergehen. Man wird deshalb diejenigen Anschlußstellen zuerst abfragen, die besonders wichtig sind oder bei denen ein Interrupt besonders wahrscheinlich (häufig) ist. Diese Suchroutine entfällt, wenn die Hardware des Prozessors mehrere Interrupt-Leitungen besitzt oder wenn mit zusätzlicher

Hardware aus dem Anforderungssignal eine Identifizierungsnummer codiert wird, die der Prozessor mit einem einzigen Lesezyklus erfassen kann. Besser ist noch, wenn diese Identifizierungsnummer gleich die Anfangsadresse des zugehörigen Bearbeitungsprogramms ist. Die Mikroprozessoren sind hier so sehr unterschiedlich, daß man nur auf die Unterlagen der Hersteller verweisen kann.

7 Test von Mikroprozessor-gesteuerten Digitalschaltungen

Beim Austesten einer Mikroprozessor-gesteuerten Digitalschaltung müssen sowohl Hardware- als auch Software-Fehler gefunden werden. Dementsprechend unterscheidet sich die Fehlersuche weitgehend von der Fehlersuche bei ´konventionellen´ Digitalschaltungen.

Die Entwicklung und gegebenenfalls Produktion eines (kleineren) Mikroprozessor-gesteuerten Gerätes umfaßt grob folgende Stufen:
- System-Definition und -Entwurf in Hard- und Software
- Konstruktion und Hardware-Test eines Prototyps
- Erstellung und Test der Programme für den Prototyp
- Konstruktion eines Nullmusters
- Test des Nullmusters unter echten Einsatzbedingungen
- Produktion einschließlich Endabnahme-Test
- Fehlerbehebung im Rahmen des Service

Zur Durchführung von Tests stehen verschiedene Hilfsmittel zur Verfügung, die sich grob einteilen lassen in:
- Entwicklungssysteme
- Entwicklungssysteme mit der Möglichkeit zur Einbeziehung des zu testenden Prototyps (´In Circuit Emulation´, ´User´s System Evaluator´)
- Cross-Software (Assembler, Compiler, Simulator)
- Logic State Analyzer

Im folgenden sollen diese Testhilfen an Beispielen erläutert werden, und es soll auf ihre Anwendungsmöglichkeiten eingegangen werden.

7.1 Mikroprozessor-Entwicklungssysteme

Entwicklungssysteme werden im allgemeinen von den Mikroprozessor-Herstellern für bestimmte Mikroprozessortypen angeboten. Es handelt sich um kleine Rechner, die um einen Mikroprozessor herum aufgebaut sind. Sie bestehen typisch aus einer CPU-Karte,

einem Anschluß für eine Teletype und einer Debug-Karte *. Die
Grundausstattung kann durch zusätzliche Karten (RAM, PROM, Ein/
Ausgabe) erweitert werden. Alle Komponenten bestehen im wesent-
lichen aus Standard-Bausteinen der entsprechenden Mikroprozessor-
Familie.

Solche Entwicklungssysteme erfüllen mehrere Aufgaben:
- Auf dem Entwicklungssystem kann ein Assemblier-Programm die
  Assemblierung von Programmen durchführen.
- Zur Unterstützung der Eingabe und für Korrekturen steht mei-
  stens ein Editier-Programm zur Verfügung.
- Auf einigen Entwicklungssystemen sind Compiler oder Interpre-
  ter für höhere Programmiersprachen ablauffähig. Es handelt
  sich dabei um für Mikroprozessoranwendungen vereinfachte Ver-
  sionen von z.B. FORTRAN, BASIC, PL/1.
(Alle diese Programme müssen über Lochstreifen oder von einer
Floppy Disk in das Entwicklungssystem geladen werden).

Entwicklungssysteme werden als Prototypen für die Entwicklung
und den Test von Geräten eingesetzt. Der Anwender bildet sein
System _in_ dem Entwicklungssystem aus den für dieses System verfüg-
baren Standardkarten nach und testet seine Programme im RAM des
Entwicklungssystems. Das Testprogramm ist üblicherweise in einem
ROM enthalten.

Als Beispiel wird im folgenden auf das M 6800-Entwicklungssystem
EXORciser Bezug genommen. Bild 63 gibt ein vereinfachtes Block-
Diagramm der Hardware-Komponenten des Systems wieder. Wir betrachten den Einsatz dieses Gerätes als Prototyp für die Schaltungs-
entwicklung. Die Anwendung des residenten Assemblers wird nicht
beschrieben, er entspricht in seinen Funktionen nahezu vollständig dem Cross-Assembler. Dieser wurde in Kapitel 6 beschrieben.

---

* to debug (amerik.): Fehler beseitigen

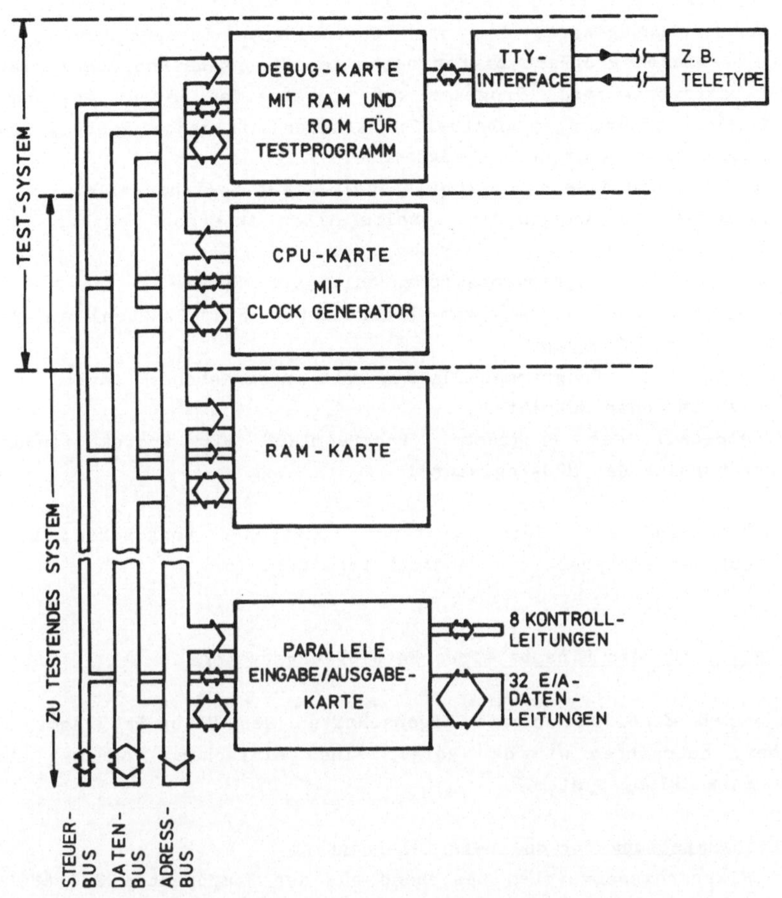

Bild 63: Hardware-Struktur eines Mikroprozessor-Entwicklungs-
Systems (Motorola EXORciser)

Wie in Bild 63 angedeutet, hat die Zentraleinheit eine Doppel-
funktion: Sie bildet einerseits mit der Debug-Karte das Test-
System (Debug System), andererseits bildet sie zusammen mit wei-
teren Karten (z.B. RAM, PIA-Karten) das zu testende Prototyp-
Gerät. Als Ein-/Ausgabe-Gerät dient normalerweise ein Teletype-
Gerät. Die Debug-Karte enthält sowohl RAM als auch ROM-Speicher;

sie belegt fest die obersten 4K Byte des Adreßraums. Wesentlicher Teil der Debug-Karte ist das ROM-residente Testprogramm (´EXbug´). Dieses Programm bietet neben den Eigenschaften eines kleinen Betriebssystems (Programm vom Lochstreifen laden, Speicherinhalte ausdrucken, Lochstreifen stanzen) folgende Testmöglichkeiten (für RAM-residente Programme):

- Ausdruck und Ändern des Inhalts beliebiger Speicherzellen
- Ausdruck und Ändern des Inhalts aller internen Register der Zentraleinheit
- Anhalten des Programmablaufs an beliebiger Stelle
- Einsetzen und Löschen von Breakpoints (Stop-Punkten) in das zu testende Programm
- Starten der Programmausführung mit vorgegebener Anzahl der auszuführenden Schritte
- Trace-Lauf des Programms (Programmlauf mit Protokollierung der Inhalte der MPU-Register).

Daneben sind eine Reihe weiterer Funktionen vorgesehen; dazu sei auf das entsprechende Handbuch verwiesen /5/.

Beispiel für den Einsatz eines Entwicklungssystems

Um einen Einblick in die Eigenschaften des EXbug-Programms zu geben, betrachten wir den Ablauf eines einfachen Programms auf dem Entwicklungssystem.

Aufgabenstellung für das Beispiel-Programm

Ein Mikroprozessorsystem bestehend aus den Komponenten CPU 6800, PROM und 2 PIA-Bausteinen 6820 soll als einfachster Addierer dienen (Bild 64). Über die A-Seite der PIA 1 wird eine 2-stellige BCD-codierte Zahl angelegt und auf Knopfdruck zur alten Summe addiert (Übernahme-Puls auf CA1-Eingang). Die Summe wird in PIA2 gespeichert und steht als 4stellige BCD-Zahl an deren Peripherie-Nahtstelle zu Verfügung. Auf den CA1-Eingang der PIA2 kann ein ´Rücksetz´-Impuls gegeben werden, der die Summe löscht. Die Leitung CA2 der PIA2 wird als Überlaufanzeige programmiert.

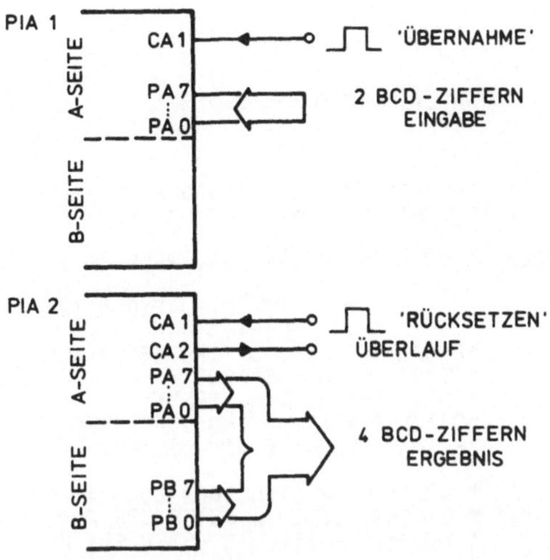

Bild 64: E/A-Nahtstellen des Beispiels

Beschreibung des Beispiel-Programms

Bild 65 gibt das Listing des Beispiel-Programms wieder. Das Programm besteht aus einer Initialisierungsroutine, die nach dem Reset des Systems die Kontroll-Register der PIAs mit den entsprechenden Bitmustern versorgt. Das ´Haupt´-Programm besteht aus einer 2 Befehle langen Interrupt-Warteschleife:

```
WARTEN     WAI
           BRA  WARTEN
```

Der WAI-(´Wait for Interrupt´)Befehl gestattet eine sehr schnelle Reaktion auf einen Interrupt Request, da das Ablegen des MPU-Status auf den Stack bereits mit der Ausführung des Befehls WAI geschieht. Der Prozessor befindet sich dann in einer (internen) Warteschleife, aus der er nur durch einen IRQ herauskommen kann. Die Interrupt-Service-Routine besteht aus einem Interrupt-Identifikations-Teil (Polling), in der die beiden möglichen Interrupt-Quellen abgefragt werden (jeweils Bit 7 der beiden A-Kontroll-Register der beiden PIAs) und den beiden Interrupt-Bearbeitungs-Routinen (´Laden´ und ´Rücksetzen´).

```
MOTOROLA M68SAM CROSS-ASSMBLER          PAGE  1


M68SAM IS THE PROPERTY OF MOTOROLA SPD, INC.
    COPYRIGHT 1974 BY MOTOROLA INC

MOTOROLA M6800 CROSS ASSEMBLER, RELEASE 1.0

00001                          NAM     BEISPIEL-EXORCISER
00002                          OPT     LIST
00003               *EXORCISER-VERSION DES BEISPIELS
00004               *START-VEKTOR: $4000
00005               *INTERRUPT-VEKTOR: $4026
00006               *STACKPOINTER-ANFANGSWERT: $3FFF
00007               *PIA-ADRESSEN: PIA1 - $8000, PIA2 - $8004
00008               *
00009               * ADDITION 2-STELLIGER BCD-ZAHLEN
00010               * EINGABE UEBER A-SEITE DER PIA 1
00011               * AUSGABE 4-STELLIG UEBER PIA 2
00012               *
00013               * DEKLARATION DER PIA-ADRESSEN
00014 8000                     ORG     $8000
00015 8000 0001     PRA1       RMB     1       PIA1-PERIPHERAL-REGISTER A
00016 8001 0001     CRA1       RMB     1       PIA1-CONTROL-REGISTER A
00017 8002 0001     PRB1       RMB     1       PIA1-PERIPHERAL-REGISTER B
00018 8003 0001     CRB1       RMB     1       PIA1-CONTROL-REGISTER B
00019 8004 0001     PRA2       RMB     1       PIA2-PERIPHERAL REGISTER A
00020 8005 0001     CRA2       RMB     1       PIA2-CONTROL-REGISTER A
00021 8006 0001     PRB2       RMB     1       PIA2-PERIPHERAL-REGISTER B
00022 8007 0001     CRB2       RMB     1       PIA2-CONTROL-REGISTER B
00023 4000                     ORG     $4000
00024               * INITIALISIERUNG
00025               *
00026               * STACK-POINTER SETZEN
00027 4000 8E 3FFF  START LDS        #$3FFF
00028               * PIA 1
00029 4003 86 07            LDA A    #%00000111   PIA1-CA1 INPUT,L-H-FLAN
00030 4005 B7 8001          STA A    CRA1
00031 4008 7F 8003          CLR      CRB1      PIA1 - CB1,CB2 INAKTIV
00032               *PIA 2
00033 400B 7F 8005          CLR      CRA2      ADRESSIERUNG DATA DIR. REG.
00034 400E 7F 8007          CLR      CRB2
00035 4011 73 8004          COM      PRA2      PIA2 A-UND B-SEITE OUTPUT
00036 4014 73 8006          COM      PRB2
00037 4017 86 37            LDA A    #%00110111   PIA2-CA1 INPUT,CA2 OUTP
00038 4019 B7 8005          STA A    CRA2
00039 401C 86 04            LDA A    #%00000100   PIA2-CB1,CB2 INAKTIV
00040 401E B7 8007          STA A    CRB2
```

Bild 65: Listing des Beispiel-Programms (1)

```
00041                        * 'HAUPT'-PROGRAMM
00042 4021 02                      NOP
00043 4022 0E                      CLI          ENABLE IUNTERRUPT
00044 4023 3E               WARTEN WAI              INTERRUPT-WARTESCHLEIFE
00045 4024 20 FD                   BRA     WARTEN
00046                        * INTERRUPT-SERVICE-ROUTINEN
00047 4026 B6 8001 POLING LDA A    CRA1         CA1-PIA1 TESTEN
00048 4029 2B 06                   BMI     LADEN
00049 402B B6 8005                 LDA A   CRA2         CA1-PIA2 TESTEN
00050 402E 2B 1D                   BMI     RUECKS
00051 4030 3B                      RTI
00053                        *BEARBEITUNG DES IRQ 'LADEN'
00054 4031 B6 8000 LADEN  LDA A    PRA1         ADDITION
00055 4034 BB 8006                 ADD A   PRB2
00056 4037 19                      DAA
00057 4038 B7 8006                 STA A   PRB2
00058 403B B6 8004                 LDA A   PRA2
00059 403E 89 00                   ADC A   #0
00060 4040 19                      DAA
00061 4041 B7 8004                 STA A   PRA2
00062 4044 25 01                   BCS     UEBERL   UEBERLAUF?
00063 4046 3B                      RTI              RUECKSPRUNG
00064 4047 86 3F        UEBERL LDA A #%00111111   UEBERLAUFANZEIGE AN
00065 4049 B7 8005                 STA A   CRA2
00066 404C 3B                      RTI
00067                        * BEARBEITUNG DES IRQ 'RUECKSETZEN'
00068 404D B6 8004 RUECKS LDA A    PRA2         DUMMY READ, CLEAR FLAG
00069 4050 7F 8004                 CLR     PRA2
00070 4053 7F 8006                 CLR     PRB2
00071 4056 86 37                   LDA A   #%00110111   UEBERLAUFANZEIGE AUS
00072 4058 B7 8005                 STA A   CRA2
00073 405B 3B                      RTI
00074                              END     ENDE     DES BEISPIEL-PROGRAMMS


SYMBOL TABLE


PRA1    8000  CRA1   8001  PRB1   8002  CRB1   8003  PRA2   8004
CRA2    8005  PRB2   8006  CRB2   8007  START  4000  WARTEN 4023
POLING 4026  LADEN  4031  UEBERL 4047  RUECKS 404D
```

Bild 65: Listing des Beispiel-Programms (2)

In der ´Laden´-Routine wird der Inhalt des Datenregisters A (PRA) der PIA1 (=Schalterstellung) übernommen und zum Inhalt der beiden Daten-Register PRA und PRB der PIA2 dezimal addiert; die dezimale Addition im BCD-Code wird durch Ausführung des Befehls DAA (Decimal Adjust Accu A) nach jeder der beiden Additionen (Zeilen 56, 59) bewirkt. Das Löschen der Interrupt-Flagge (Bit 7 des Kontroll-Registers A) wird durch den Lesebefehl (Zeile 54) auf das zugehörige Datenregister A bewirkt.

In der ´Rücksetzen´-Routine wird zunächst durch eine Pseudo-Lese-Operation (´Dummy Read´) des Datenregisters A der PIA2 die Interrupt-Flagge (Bit 7 des Kontroll-Registers A) gelöscht. Danach werden beide Datenregister der PIA2 und die Überlaufanzeige gelöscht.

Testlauf des Beispiel-Programms auf dem EXORciser

Um die Möglichkeiten und Grenzen eines Entwicklungssystems zu illustrieren, betrachten wir einen typischen Testlauf des beschriebenen Programms. Das Programm sei bereits assembliert, geladen und stehe im RAM des Exorciser ab Adresse $4000 als Maschinencode zur Verfügung. Im folgenden ist das Protokoll eines Testlaufs des Beispielprogramms wiedergegeben. Benutzer-Eingaben sind unterstrichen, alle Zahlen werden hexadezimal ein- und ausgegeben.

```
EXBUG 1.2 MAID              Aufruf des MAID-Programms
                           (Test-Programm des Exorciser)
*$R                        Anzeige und Modifikation der MPU-Register
P-FA6B X-FF08 A-C1 B-24 C-FA S-FF8A
P-FA6B 4000                PC auf $4000 setzen
X-FF08 0                   X   auf $0000 setzen
A-C1 0                     A   auf $00 setzen
B-24 0                     B   auf $00 setzen
C-FA 10                    CC  auf $10 setzen(Interr.-Maske gesetzt!)
S-FF8A                     SP unveraendert (nicht verwendet)
*FFF8/70 40                Anzeige und Modifik.des IRQ-Startvektors
FFF9/70 26                 (Start-Adr. der IRQ-Routine: $4026)
*$S                        Anzeige und Modifik.der STOP-Adresse
STOP ADDR 0000 4021        Stop-Adresse: $4021
```

Damit ist die Vorbereitung eines Programmlaufs zunächst abge-
schlossen; der IRQ-Start-Vektor wurde auf den Beginn der Interrupt-Service-Routine ($4026) gesetzt. Ferner wurde die Adres-
se $4021 als Stop-Adresse gewählt.

```
*4000;G                   Starte Programm-Ausfuehrung bei $4000
STOP-ON-ADDRESS P-4022 X-0000 A-04 B-00 C-D1 S-3FFF Programm ge-
                                     stoppt gemaess STOP-Adr.
```

Der Inhalt aller CPU-Register wird ausgegeben (P = Programmzähler, X = Index-Register, A,B = Akkumulatoren, C = Condition Code-
Register, S = Stack-Pointer)

```
*N                              Trace 1 Instruction
P-4023 X-0000 A-04 B-00 C-C1 S-3FFF
```

Bei Programmausführung im Trace Mode wird zu jedem ausgeführten
Programmschritt der neue Zustand der CPU-Register ausgegeben.

```
*4031;V               Set Breakpoint auf Adresse $4031
*$V                   Anzeige aller Breakpoints (maximal 8)
4031 0000 0000 0000 0000 0000 0000 0000
```

Es können bis zu 8 Unterbrechungspunkte in das zu testende Programm eingebaut werden. Bei Erreichung eines solchen 'Breakpoint'
wird die Programmausführung gestoppt und der Inhalt der CPU-Register ausgegeben.

```
*;P                   Starte Programmausfuehrung bei aktuellem
                      PC-Stand
```

Nach diesem Kommando wurde ein 'Laden'-Impuls auf den CA1-Ein-
gang der PIA1 gegeben. Dadurch wurde die WAI-Schleife verlas-
sen, die Ausführung der Interrupt-Service-Routine begonnen und
der Interrupt identifiziert.

```
P-4031 X-0000 A-87 B-00 C-D9 S-3FF8   Breakpoint $4031 erreicht
*8000/44                              Anzeige der Zelle $8000
```

Die Speicherzelle $8000 ist das Datenregister der PIA1, also
die anliegende Schalterstellung.

```
*5;P                  Starte Programmlauf, bis der Breakpoint
                      zum 5. Mal erreicht wird
```

Nach diesem Kommando wurde weitere 5 mal der ´Laden´-Impuls an
CA1 gegeben, die Programmausführung wird also im 5. Durchlauf
der ´Laden´-Routine angehalten werden.

```
P-4031 X-0000 A-87 B-00 C-D9 S-3FF8   Breakpoint $4031 erreicht
*8004/02                              Anzeige der Zelle $8004
*8006/20                              Anzeige der Zelle $8006
```

Die Speicherzellen $8004, $8006 sind die Ergebnisregister der
Addition, sie enthalten nach 5maliger Addition der Zahl 44 das
korrekte Ergebnis 0220.

```
*$T
END ADDR D4FD 4023           Set Trace Mode, Ende-Adresse = $4023
```

Mit dieser Eingabe wird bewirkt, daß bis zum Erreichen der En-
de-Adresse alle Programmschritte protokolliert werden (´Trace-
Mode´ mit Stop-Adresse).

```
*4031;G                               Starte Trace-Lauf ab $4031
P-4034 X-0000 A-44 B-00 C-D1 S-3FF8
P-4037 X-0000 A-64 B-00 C-D0 S-3FF8
P-4038 X-0000 A-64 B-00 C-D0 S-3FF8
P-403B X-0000 A-64 B-00 C-D0 S-3FF8
P-403E X-0000 A-02 B-00 C-D0 S-3FF8
P-4040 X-0000 A-02 B-00 C-D0 S-3FF8
P-4041 X-0000 A-02 B-00 C-D0 S-3FF8   Trace der Programmausfuehrung
P-4044 X-0000 A-02 B-00 C-D0 S-3FF8   bis Adresse $4032
P-4046 X-0000 A-02 B-00 C-D0 S-3FF8
P-4024 X-0000 A-04 B-00 C-C1 S-3FFF
P-4023 X-0000 A-04 B-00 C-C1 S-3FFF
*8004/02                              Anzeige der Zelle $8004
*8006/64                              Anzeige der Zelle $8006
```

Anzeige des Ergebnisses nach einem weiteren Additionsschritt:
0264

```
*;T                                   Trace-Mode ausschalten
*$S                                   STOP-Adresse auf $4024 setzen
STOP ADDR 4021 4024
*N                                    Trace 1 Instruction
P-4026 X-0000 A-04 B-00 C-D1 S-3FF8
*4026;G                               Programmlauf ab $4026
```

Nach diesem Kommando wurde ein Rücksetz-Impuls an den CA1-Eingang der PIA2 gelegt. Dementsprechend wurde die Ausführung der 'Rücksetzen'-Routine begonnen, die Stop-Adresse $4024 wird nach dem Rücksprung aus der Interrupt-Service-Routine erreicht werden.

```
STOP-ON-ADDRESS P-4024 X-0000 A-04 B-00 C-C1 S-3FFF  Stop
*8004/00                          Anzeige der Summe (Speicherzellen $8004,
*8006/00                          $8006)
*
```

Danach wurde der Programmtest durch Drücken der Abbruch-Taste am EXORciser gestoppt.

```
ABORTED AT P-FA6B X-FF08 A-C1 B-00 C-DA S-FF82
EXBUG 1.2
```

7.2 Entwicklungssysteme mit 'In-Circuit-Emulation'

Erweiterte Entwicklungssysteme mit der Möglichkeit der Einbeziehung des zu testenden Prototyps sind für einige Mikroprozessoren verfügbar (z.B. INTEL 8080 'In Circuit Emulation - ICE', M 6800 'User's System Evaluator - USE'). Die Grundstruktur ist die, daß die CPU des zu testenden Systems durch die CPU des Entwicklungssystems ersetzt wird, und daß das zu testende und das Testsystem logisch zu einem System, das an einem gemeinsamen Bus arbeitet, zusammengefaßt werden (Bild 66). Der Vorteil liegt darin, daß die Anwendung des Testprogramms des Entwicklungssystems jetzt auch auf Programme möglich ist, die ganz oder teilweise im realen Prototyp ablaufen. Dabei ist eine fast beliebige Aufteilung auf Entwicklungssystem und Prototyp möglich: Es kann z.B. eine Schaltung, die ein PROM-residentes Programm verwenden soll, zunächst so getestet werden, daß das Programm im RAM des Entwicklungssystems abläuft, wobei die 'echten' Ein/Ausgabe-Nahtstellen des Prototyps benutzt werden. Wenn das Benutzersystem über ein hinreichend großes RAM verfügt, kann das Programm auch dort ablaufen; im Entwicklungssystem läuft dann nur noch das ROM-residente Testprogramm ab.

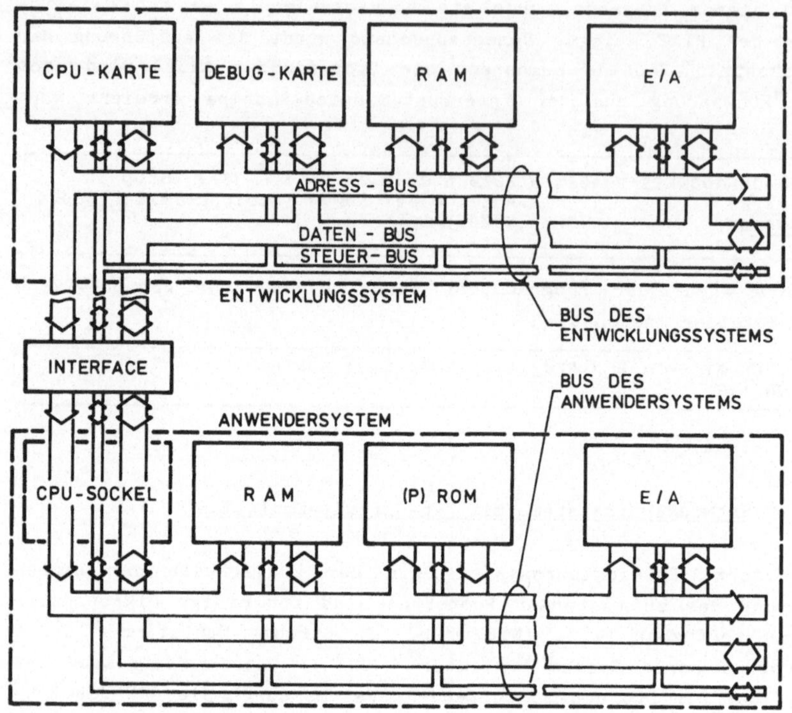

Bild 66: Hardware-Struktur eines Entwicklungssystems mit Einbeziehung des Anwender-Systems (Motorola EXORciser mit
User´s System Evaluator)

7.3 Simulationsprogramme

Zu einigen Mikroprozessoren gibt es als Cross-Software neben
Assembler- und Compiler-Programmen auch Simulator-Programme. Ein
solcher Simulator simuliert den Ablauf eines Mikroprozessor-Pro-
gramms auf einem ´Machine File´ in einem Gast-Rechner. Dieser
Machine File enthält neben dem Object-Code des zu simulierenden
Programms ein Abbild der dem Mikroprozessor zur Verfügung stehenden Komponenten des zu simulierenden Systems. Allerdings können
alle Zellen nur als RAM-Zellen verwendet werden; komplexe Peri-

pherie-Bausteine wie z.B. PIA oder ACIA sind nicht vorgesehen. Ebenfalls schwierig zu simulieren ist das Auftreten von Programmunterbrechungen von außen (Interrupts). Aus diesem Grund eignen sich solche Simulator-Programme vor allem für das Austesten von Programmen mit vielen arithmetischen Operationen. Sie sind nur sehr schwer und mit großem Aufwand einsetzbar für die Simulation von Systemen mit vielen auf Interrupt-Basis arbeitenden Komponenten.

<u>Testlauf des Beispielprogramms mit einem Simulator-Programm</u>

Um die Möglichkeiten eines Simulatorprogramms zu illustrieren, wird im folgenden ein Testlauf des Beispielprogramms (aus Abschnitt 7.1) beschrieben. Das Programm erhielt eine andere Adreßbelegung; insbesondere enthält das Programm die Zuweisung der Start-Adressen für die IRQ-Service-Routine und die Power-Up-Routine. Dieser Start-Adreß-Block liegt für den Simulator nicht bei $FFF8 bis $FFFF sondern bei $0FF8 bis $0FFF (Bild 67)

Im folgenden ist das Protokoll eines Simulatorlaufs des Beispielprogramms wiedergegeben. Benutzer-Eingaben sind immer in den Zeilen mit Fragezeichen erfolgt. Im vorliegenden Fall wurde als Zahlendarstellung die hexadezimale Schreibweise gewählt.

```
00001                             NAM      BEISPIEL-SIMULATOR
00002                             OPT      LIST
00003                    *SIMULATOR-VERSION DES BEISPIELS
00004                    *START-VEKTOR: $0000
00005                    *INTERRUPT-VEKTOR: $0026
00006                    *STACKPOINTER-ANFANGSWERT: $03FF
00007                    *PIA-ADRESSEN: PIA1 - $0800, PIA2 - $0804
00008                    *
00009                    * ADDITION 2-STELLIGER BCD-ZAHLEN
00010                    * EINGABE UEBER A-SEITE DER PIA 1
00011                    * AUSGABE 4-STELLIG UEBER PIA 2
00012                    *
00013                    * DEKLARATION DER PIA-ADRESSEN
00014 0800                        ORG      $0800
00015 0800 0001         PRA1      RMB      1           PIA1-PERIPHERAL-REGISTER A
00016 0801 0001         CRA1      RMB      1           PIA1-CONTROL-REGISTER A
00017 0802 0001         PRB1      RMB      1           PIA1-PERIPHERAL-REGISTER B
00018 0803 0001         CRB1      RMB      1           PIA1-CONTROL-REGISTER B
00019 0804 0001         PRA2      RMB      1           PIA2-PERIPHERAL REGISTER A
00020 0805 0001         CRA2      RMB      1           PIA2-CONTROL-REGISTER A
00021 0806 0001         PRB2      RMB      1           PIA2-PERIPHERAL-REGISTER B
00022 0807 0001         CRB2      RMB      1           PIA2-CONTROL-REGISTER B
00023 0000                        ORG      0
00024                    * INITIALISIERUNG
00025                    *
00026                    * STACK-POINTER SETZEN
00027 0000 8E 03FF       START    LDS      #$03FF
00028                    * PIA 1
00029 0003 86 07                  LDA A    #%00000111   PIA1-CA1 INPUT,L-H-FLAN
            •                        •
            •                        •
            •                        •
00040 001E B7 0807                STA A    CRB2
00041                    * 'HAUPT'-PROGRAMM
00042 0021 02                     NOP
00043 0022 0E                     CLI                  ENABLE INTERRUPT
00044 0023 3E           WARTEN WAI                     INTERRUPT-WARTESCHLEIFE
00045 0024 20 FD                  BRA      WARTEN
00046                    * INTERRUPT-SERVICE-ROUTINEN
00047 0026 B6 0801      POLING LDA A      CRA1         CA1-PIA1 TESTEN
            •                        •
            •                        •
            •                        •
00070 0053 7F 0806                CLR      PRB2
00071 0056 86 37                  LDA A    #%00110111   UEBERLAUFANZEIGE AUS
00072 0058 B7 0805                STA A    CRA2
00073 005B 3B                     RTI
00074                    * FESTLEGUNG DER STARTADRESSEN
00075 0FF8                        ORG      $0FF8
00076 0FF8 0026                   FDB      POLING       BEGINN-ADR.IRQ-SERVICE-ROUT
00077 0FFA 0026                   FDB      POLING       NICHT VERWENDET
00078 0FFC 0000                   FDB      START        NICHT VERWENDET
00079 0FFE 0000                   FDB      START        PROGRAMM-START-ADRESSE
00080                             END      ENDE         DES BEISPIEL-PROGRAMMS
```

Bild 67: Listing des Beispielprogramms für den Simulatorlauf

Nach Aufruf meldet sich das Simulatorprogramm:

```
    M68EML IS THE PROPERTY OF MOTOROLA SPD, INC.
      COPYRIGHT 1974 TO 1975 BY MOTOROLA INC

    MOTOROLA M6800 EMULATOR, RELEASE 1.1

HH IA    OC     EA   P    X    A  B    C      S      T
 0000 ***    0000 0000 0000 00 00 000000 0000 0000000
? SD IOEPABCST.                              Set Display
? IM.                                        Input Memory
```

Die SD-Anweisung bestimmt, welche der internen Zustände bei der
Programm-Simulation im Protokoll im folgenden ausgedruckt werden:

    I   = Instruction Address
    O   = Op Code
    E   = Effective Address
    P   = Program Counter
    X   = Index Register
    A,B = Accu A, B
    C   = Condition Code Register
    S   = Stack-Pointer
    T   = Time (Zeit-Zähler, ausgeführte Maschinen-Zyklen)

Im vorliegenden Fall wird auf den Ausdruck des Index-Registers
verzichtet, da es im Programm nicht verwendet wird. Die IM-Anwei-
sung übernimmt den Object-Code, den der Cross-Assembler erstellt
hat, in den Arbeitsbereich ('Machine File') des Simulators.

```
? DM OFF8,8.              Display Memory,8 Zellen ab Adresse $0FF8
OFF8 00 26 00 26 00 00 00 00
? SM OFFD,26.             Set Memory:Zelle $0FFD auf Wert $26
? DM OFF8,8.              Display Memory,8 Zellen ab Adresse $0FF8
OFF8 00 26 00 26 00 26 00 00
```

Diese Befehlsfolge illustriert die Modifikation eines Speicher-
inhalts: Die Zelle $0FFD wird auf den Wert $26 gesetzt. Da $0FFC,
$0FFD die Start-Adresse der Service-Routine für den NMI (Non-
Maskable Interrupt) ist, bedeutet diese Änderung, daß ein NMI
die gleiche Service-Routine (ab Adresse $0026) anwirft, wie ein
'normaler' IRQ. (Natürlich hätte diese Änderung bereits von vor-
ne herein in Zeile 78 des Beispielprogramms eingebaut werden
können.)

```
? PO.                                           Simulate Power-On-
HH IA  OC    EA    P   A  B    C      S      T  Reset
 0000 ***   *0FFF 0000*55*AA HIOOVC*0BFD 0000011
? T20.                                          Trace 20 Instructions
 0000 LDS   *0002*0003 55 AA HIOOOC*03FF 0000014
*0003 LDA A*0004*0005*07 AA HIOOOC 03FF 0000016
*0005 STA A*0801*0008 07 AA HIOOOC 03FF 0000021
*0008 CLR   *0803*000B 07 AA HIOZOO 03FF 0000027
*000B CLR   *0805*000E 07 AA HIOZOO 03FF 0000033
*000E CLR   *0807*0011 07 AA HIOZOO 03FF 0000039
*0011 COM   *0804*0014 07 AA HINOOC 03FF 0000045
*0014 COM   *0806*0017 07 AA HINOOC 03FF 0000051
*0017 LDA A*0018*0019*37 AA HIOOOC 03FF 0000053
HH IA  OC    EA    P   A  B    C      S      T
*0019 STA A*0805*001C 37 AA HIOOOC 03FF 0000058
*001C LDA A*001D*001E*04 AA HIOOOC 03FF 0000060
*001E STA A*0807*0021 04 AA HIOOOC 03FF 0000065
321 ***INST FAULT                               Fehler: fehlender
*0021 ***   *0021*0022 04 AA HIOOOC 03FF 0000067  Op-Code bei $0021
? T20.                                          Trace 20 Instructions
*0022 CLI   *0022*0023 04 AA HOOOOC 03FF 0000069
*0023 WAI   *03F9*0024 04 AA HOOOOC*03F8 0000078
 0023 WAI    03F9 0024 04 AA HOOOOC 03F8 0000078
 0023 WAI    03F9 0024 04 AA HOOOOC 03F8 0000078
323 ***BRA * FAULT                              Fehler-Ausdruck: PC
 0023 WAI    03F9 0024 04 AA HOOOOC 03F8 0000078 wird nicht inkrement.
```

Die PO-Anweisung simuliert einen Power-On-Reset, d.h. der PC
wird auf die in Zelle $0FFE/0FFF enthaltene Startadresse der
Initialisierungsroutine gesetzt (im vorliegenden Fall die Adresse 0). Die T20-Anweisung veranlaßt die Simulation und Protokollierung von 20 Programmschritten. Sie wird im Beispiel mit einem
Fehlerausdruck abgebrochen, da der Simulator in Adresse $0021
auf eine NOP-(No Operation)-Anweisung stößt *. Die zweite T-Anwei-
sung führt den Trace-Lauf fort; die Ausführung wird ebenfalls
abgebrochen, da der Simulator auf die simulierte WAI-Anweisung
gestoßen ist *. Aus der Spalte S ergibt sich, daß durch die WAI-
Anweisung der Stack-Pointer um 7 dekrementiert wird.

---

* Bemerkung:

Obwohl NOP und WAI zulässige Befehle des M 6800 sind, behandelt
sie das Simulatorprogramm als Fehler; es handelt sich um Mängel
des Simulatorprogramms.

```
? DM 0800,8.                          Display Memory: 8 Zellen ab Adr. $0800
0800 00 07 00 00 FF 37 FF 04
? SM 0805,0B7.                         Set Memory: Zelle $0805 auf Wert $B7
? DM 0805,1.                           Display Memory: 1 Zelle ab Adr.$0805
0805 B7 .
```

Die SM-Anweisung setzt das höchstwertige Bit der Zelle $0805
auf 1. Dies dient der Vorbereitung des im nachfolgenden zu si-
mulierenden Interrupts. Zelle $0805 ist das Status-Register der
PIA 2, das höchstwertige Bit darin die CA1 zugeordnete Interrupt-
Status-Flagge. Die beiden DM-Anweisungen zeigen die Wirkung der
SM-Anweisung auf die Zelle $0805.

Da diese Version des Simulators es nicht gestattet, einen normalen - maskierbaren - Interrupt zu simulieren, wird für die Simulation der NMI anstelle des IRQ verwendet.

```
? PF.                                          Simulate Non-
 0023 WAI   *0FFD*0026 04 AA HI000C 03F8 0000082  Maskable-Interrupt
? T20.                                         Trace 20 Instructions
HH IA    OC     EA   P   A   B    C     S     T
*0026 LDA A*0801*0029*07 AA HI000C 03F8 0000086
*0029 BMI   *002A*002B 07 AA HI000C 03F8 0000090
*002B LDA A*0805*002E*B7 AA HIN00C 03F8 0000094
*002E BMI   *002F*004D B7 AA HIN00C 03F8 0000098
*004D LDA A*0804*0050*FF AA HIN00C 03F8 0000102
*0050 CLR   0804*0053 FF AA HIOZOO 03F8 0000108
*0053 CLR  *0806*0056 FF AA HIOZOO 03F8 0000114
*0056 LDA A*0057*0058*37 AA HI0000 03F8 0000116
*0058 STA A*0805*005B 37 AA HI0000 03F8 0000121
*005B RTI   *03FF*0024*04 AA H0000C*03FF 0000131
HH IA    OC     EA   P   A   B    C     S     T
*0024 BRA   *0025*0023 04 AA H0000C 03FF 0000135
*0023 WAI   *03F9*0024 04 AA H0000C*03F8 0000144
 0023 WAI    03F9 0024 04 AA H0000C 03F8 0000144
 0023 WAI    03F9 0024 04 AA H0000C 03F8 0000144
 323 ***BRA * FAULT                            Fehler: PC wird nicht
 0023 WAI    03F9 0024 04 AA H0000C 03F8 0000144  inkrementiert
```

Die Anweisung PF simuliert die Wirkung eines ´Non-Maskable Inter-
rupt´, d.h. der PC wird auf die Adresse gesetzt,die in den NMI-
Start-Adreß-Zellen $0FFC/$0FFD steht; im vorliegenden Beispiel
ist das die Adresse $0026, die zu Beginn des Simulatorlaufs gela-
den wurde.

```
? DM 0800,8.                    Display Memory:8 Zellen ab Adr. $0800
0800 00 07 00 00 00 37 00 04
```

Mit dieser Anweisung wird u.a. der Inhalt der Ergebnis-Register
PA2, PB2 (unterstrichen) wiedergegeben. Beide haben aufgrund
des vorangegangenen simulierten ´Rücksetzen´ - Interrupts den
Wert 0.

```
? SM 0800,99,87.                Set Memory:2 Zellen ab $0800 auf $99,$87
? DM 0800,8.                    Display Memory: 8 Zellen ab Adr. $0800
0800 99 87 00 00 00 37 00 04
```

Mit der SM-Anweisung wird der PIA1-Input (´Schalterstellung´)
auf $99 gesetzt. Diese Zahl wird vom Programm als Summand in
BCD-Darstellung - also 99 - verarbeitet. Weiter wird mit der
SM-Anweisung das Status-Register der PIA1 so gesetzt, als ob
ein CA1-IRQ entstanden wäre (Bit 7 = 1).

```
? PF.                                              Simulate NMI
 0023 WAI   *OFFD*0026 04 AA HI000C 03F8 0000148
? R20.                                             Run 20 Instructions
323 ***BRA * FAULT                                 Fehler-Ausdruck wegen
 0023 WAI   *03F9*0024 04 AA H0000C 03F8 0000211   WAI-Befehl
```

Mit dem PF-Kommando wird eine Summanden-Eingabe (Zahlenwert 99
- s.o.) simuliert und anschließend mit dem Run-Kommando die Ausführung der IRQ-Service-Routine simuliert. Die Ausführung wird
(mit Fehlerausdruck) abgebrochen bei der WAI-Anweisung, d.h.
nach dem Rücksprung aus der IRQ-Service-Routine (vgl. Fußnote
zwei Seiten zurück).

```
? DM 0800,8.                                       Display Memory
0800 99 87 00 00 00 37 99 04
? PF.                                              Simulate NMI
 0023 WAI   *OFFD*0026 04 AA HI000C 03F8 0000215
? R20.                                             Run 20 Instructions
323 ***BRA * FAULT
 0023 WAI   *03F9*0024 04 AA H0000C 03F8 0000278
? PF.                                              Simulate NMI
 0023 WAI   *OFFD*0026 04 AA HI000C 03F8 0000282
? R20.                                             Run 20 Instructions
323 ***BRA * FAULT
HH IA   OC    EA   P   A  B   C   S    T
 0023 WAI   *03F9*0024 04 AA H0000C 03F8 0000345
? DM 0800,8.                                       Display Memory
0800 99 87 00 00 02 37 97 04
```

Mit der DM-Anweisung wird festgestellt, daß die Addition korrekt ausgeführt wurde (das Ergebnis ist unterstrichen). Anschließend werden noch zwei Additionen desselben Zahlenwertes 99 simuliert. Die zweite DM-Anweisung zeigt, daß die dezimale Addition korrekt durchgeführt wurde (Ergebnis: 297).

```
? EX.                                    Ende des Simulatorlaufs
SIM68  --  STOP
```

7.4   Logic State Analyzer

Für den Test Mikroprozessor-gesteuerter Schaltungen werden von verschiedenen Herstellern unter den Bezeichnungen ´Logic Analyzer´, ´Logic State Analyzer´ u.ä. Testgeräte angeboten. Solche Geräte gestatten es, aus dem Ablauf der Verarbeitung eines Programms aufgrund von vorgebbaren Trigger-Bedingungen einen Abschnitt abzuspeichern und dessen Verlauf sichtbar zu machen. Bild 68 gibt die Grundstruktur eines Logic State Analyzers wieder.

Die zu überwachenden Signalleitungen des zu testenden Systems (im allgemeinen Adreßleitungen, zusätzlich Datenleitungen und weitere Signale je nach Anwendungsfall) werden über ein Verbindungskabel auf das Eingangsregister des Logic State Analyzer geschaltet. Die Signale werden mit dem Takt des getesteten Systems in ein Daten-Register übernommen und von dort unter der Kontrolle der Komparatorschaltung in ein RAM geschrieben. Die Komparatorschaltung vergleicht die Daten im Daten-Register mit den am Bedienungsfeld des Geräts eingestellten Triggerbedingungen. Ab dem ersten Zyklus, bei dem die Komparatorschaltung Gleichheit festgestellt hat, wird eine feste Anzahl von Schritten des Mikroprozessors in das RAM des Analyzers protokolliert. An dieses RAM ist eine Auswerte- und Anzeige-Einheit angeschlossen, die den

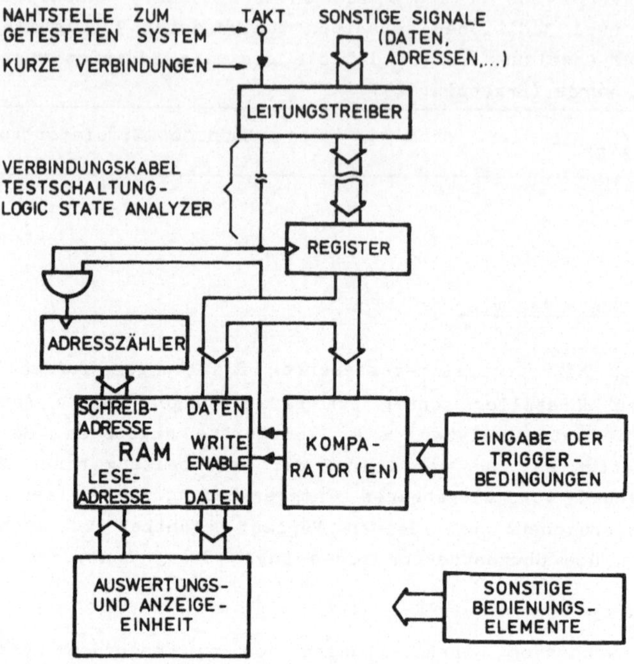

Bild 68: Logische Struktur eines Logic State Analyzers

Inhalt des RAM aufbereitet auf einem Bildschirm präsentiert. Die Darstellung kann in verschiedener Weise erfolgen (Bild 69):
- als Pseudo-Oszillogramme
- als 0/1-Muster
- als Hexadezimal- (oder Oktal-) Zahlen
- in der sog. Map-Darstellung (ohne Bild)
- in re-assemblierter Befehlsdarstellung

Die Map-Darstellung wird bei einigen Geräten zusätzlich zu einer der anderen Darstellungsweisen angeboten. Dabei werden die abgetasteten Binärmuster in einer zweidimensionalen Analogdarstellung wiedergegeben. Jedes Ereignis wird in eine x-y-Darstellung eingetragen, bei der in (horizontaler) x-Richtung eine Ablenkung

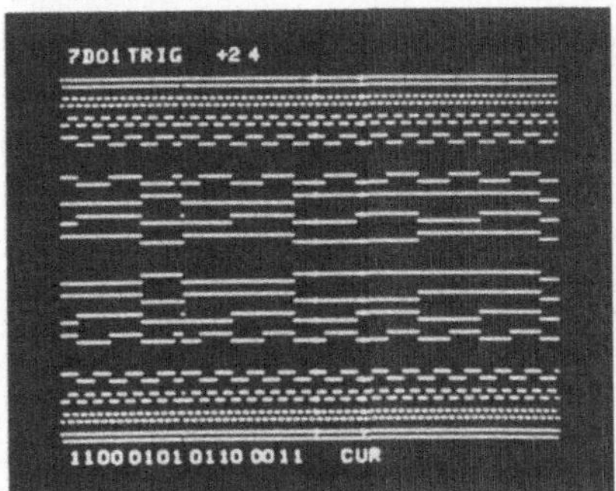

a) Pseudo-Oszillogramm
   (Tektronix 7D01/DF1)

b) 0/1-Binärdarstellung
   (Tektronix 7D01/DF1)

c) Hexadezimal-Darstellung
   (HP 1611A, Option 6800)

d) Re-assemblierte Darstellung
   (HP 1611A, Option 6800)

Bild 69: Darstellungsarten digitaler Signale bei verschiedenen
         Logic State Analyzern

eingetragen wird, die sich aus der an den niederwertigen Dateneingängen D7,...,D0 anliegenden, als Dualzahl interpretierten
0/1-Kombination ergibt. Entsprechend werden die höherwertigen
Dateneingänge D15,...,D8 in eine y-Koordinate umgesetzt. Ferner
werden bei einigen Geräten die eingetragenen Punkte noch gemäß
der Ereignisabfolge durch dünne Linien verbunden (z.B. bei dem
Gerät HP 1600A). Im allgemeinen wird man als Eingangsdaten für
diese Darstellung die Adreßleitungen wählen. Man erhält dann
ein übersichtliches Bild des Programmablaufs im Adreßraum.

Die re-assemblierte Darstellung von Befehlen setzt voraus, daß
das System für einen bestimmten Mikroprozessor ausgelegt ist,
und daß die Verbindung mit festgelegten Leitungen des zu testenden Systems hergestellt wird. Dies wird dadurch erreicht, daß
die Verbindung mit dem zu testenden System über einen Clip-Ver-
binder geschieht, der auf die Pin-Anordnung des zu testenden
Mikroprozessor-Typs zugeschnitten ist und der auf die CPU des
zu testenden Systems aufgeklammert wird. Weiter muß die Auswerte-
und Darstellungseinheit den Typ des zu testenden Mikroprozessors
berücksichtigen. Die Auswerte-Einheit bei solch ´komfortablen´
Analyzern ist selbst wieder Mikroprozessor-gesteuert. Die Anpassung an die verschiedenen zu testenden Mikroprozessortypen geschieht durch Austausch einiger Steckkarten und des Clip-Verbin-
ders. Das Auswertesystem verarbeitet die Daten, die im RAM und
im Ereigniszähler anstehen unter Kontrolle einer Eingabetastatur
gemäß einem ROM-residenten Programm und stellt sie auf einer
Kathodenstrahlröhre dar. Das ROM-residente Programm steuert insbesondere die Re-Assemblierung der im Datenerfassungs-RAM gesam-
melten Daten für die Anzeige.

Die Einsatzmöglichkeiten von Logic State Analyzern sind sehr
vielseitig: sie reichen von der Auffindung von Hardware-Fehlern
bis zum ausgefeilten Programmtest. In /6/ ist z.B. ausführlich
die systematische Inbetriebnahme eines Mikroprozessor-Systems
unter Verwendung eines Logic State Analyzers und eines Oszillo-
graphen beschrieben. Das folgende Beispiel illustriert das ´an-
dere Ende´ der Skala des Einsatzes solcher Geräte: den Programmtest.

Beispiel für den Einsatz eines Logic State Analyzers

Im folgenden Beispiel wird ein re-assemblierender Logic State Analyzer (HP 1611A) zum Test des in 7.1 beschriebenen Beispiel-Programms eingesetzt werden. Das Programm ist in diesem Fall PROM-resident in einem Mikroprozessor-gesteuerten Gerät vorhanden. Die Adreßbelegung ist dabei eine andere als im Abschnitt 7.1 (Bild 70); insbesondere enthält das Programm in diesem Fall auch die Zuweisung der RESET-Startadresse und der Startadresse der Interrupt-Service-Routine (Zeilen 76 und 79 des Listing), da dieses Programm nicht in Verbindung mit einem Betriebssystem ablaufen soll.

Im folgenden sind einige Ausschnitte aus dem Test des obigen Programms zusammengestellt. Bild 71 zeigt zunächst den Ablauf der RESET-Routine des Prozessors (Initialisierungsphase). Darin wird zunächst aus den Zellen $FFFE, $FFFF die Startadresse $FC00 der Startroutine gelesen, dann beginnt der Prozessor die Abarbeitung des Programms an dieser Adresse. Bild 69c) zeigte zum Vergleich die gleiche Routine ohne Re-Assemblierung des Operationscodes.

In Bild 72 ist die Warte-Schleife des Hauptprogramms wiedergegeben, insbesondere ist zu sehen, daß mit dem Aufruf des Befehls WAI (Wait for Interrupt) bereits der aktuelle Prozessor-Status auf den Stack abgelegt wird (7 WRITE-Zyklen nach dem WAI-Befehl).

In Bild 73 ist der Aussprung aus der Interrupt-Service-Routine dargestellt. Es wurde auf den ersten Befehl nach dem Rücksprung (BRA WARTEN, Adresse $ FC21) getriggert und ein Trigger-Vorlauf von 63 eingegeben; damit wurden 63 Zyklen <u>vor</u> dem eingestellten Trigger-Punkt aufgezeichnet. Aus dem Bild ist deutlich das Restaurieren des alten Prozessorstatus mit dem Befehl RTI (´Return from Interrupt´) zu entnehmen.

```
00001                                   NAM     BEISPIEL-CAMOPS
00002                                   OPT     LIST
00003                             *CAMOPS-VERSION DES BEISPIELS
00004                             *START-VEKTOR: $FC00
00005                             *INTERRUPT-VEKTOR: $FC23
00006                             *STACKPOINTER-ANFANGSWERT: $03FF
00007                             *PIA-ADRESSEN: PIA1 - $0008, PIA2 - $000C
00008                             *
00009                             * ADDITION 2-STELLIGER BCD-ZAHLEN
00010                             * EINGABE UEBER A-SEITE DER PIA 1
00011                             * AUSGABE 4-STELLIG UEBER PIA 2
00012                             *
00013                             * DEKLARATION DER PIA-ADRESSEN
00014 0008                                ORG     $0008
00015 0008 0001      PRA1        RMB     1       PIA1-PERIPHERAL-REGISTER A
00016 0009 0001      CRA1        RMB     1       PIA1-CONTROL-REGISTER A
00017 000A 0001      PRB1        RMB     1       PIA1-PERIPHERAL-REGISTER B
00018 000B 0001      CRB1        RMB     1       PIA1-CONTROL-REGISTER B
00019 000C 0001      PRA2        RMB     1       PIA2-PERIPHERAL REGISTER A
00020 000D 0001      CRA2        RMB     1       PIA2-CONTROL-REGISTER A
00021 000E 0001      PRB2        RMB     1       PIA2-PERIPHERAL-REGISTER B
00022 000F 0001      CRB2        RMB     1       PIA2-CONTROL-REGISTER B
00023 FC00                                ORG     $FC00
00024                             * INITIALISIERUNG
00025                             *
00026                             * STACK-POINTER SETZEN
00027 FC00 8E 03FF   START       LDS     #$03FF
00028                             * PIA 1
00029 FC03 86 07                 LDA A   #%00000111   PIA1-CA1 INPUT,L-H-FLAN
            .              .
            .              .
            .              .
00040 FC1C 97 0F                 STA A   CRB2
00041                             * 'HAUPT'-PROGRAMM
00042 FC1E 02                    NOP
00043 FC1F 0E                    CLI             ENABLE INTERRUPT
00044 FC20 3E        WARTEN WAI                  INTERRUPT-WARTESCHLEIFE
00045 FC21 20 FD                 BRA     WARTEN
00046                             * INTERRUPT-SERVICE-ROUTINEN
00047 FC23 96 09     POLING LDA A   CRA1         CA1-PIA1 TESTEN
            .              .
            .              .
            .              .
00070 FC47 7F 000E               CLR     PRB2
00071 FC4A 86 37                 LDA A   #%00110111   UEBERLAUFANZEIGE AUS
00072 FC4C 97 0D                 STA A   CRA2
00073 FC4E 3B                    RTI
00074                             * FESTLEGUNG DER STARTADRESSEN
00075 FFF8                                ORG     $FFF8
00076 FFF8 FC23                 FDB     POLING   BEGINN-ADR.IRQ-SERVICE-ROUT
00077 FFFA FC23                 FDB     POLING   NICHT VERWENDET
00078 FFFC FC00                 FDB     START    NICHT VERWENDET
00079 FFFE FC00                 FDB     START    PROGRAMM-START-ADRESSE
00080                             END     ENDE     DES BEISPIEL-PROGRAMMS
```

Bild 70: Listing des Beispielprogramms für den Logic State
         Analyzer

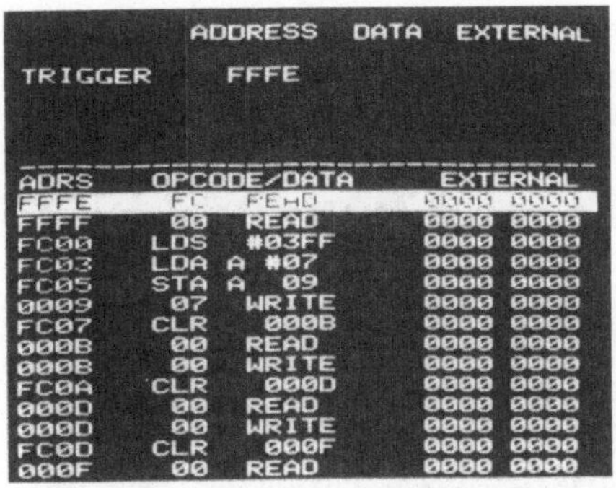

Bild 71

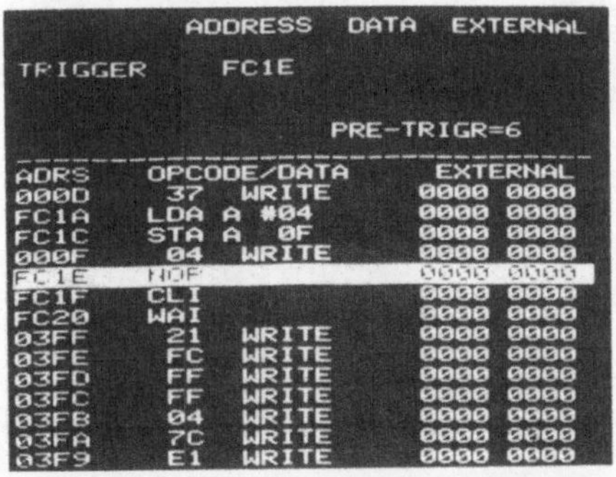

Bild 72

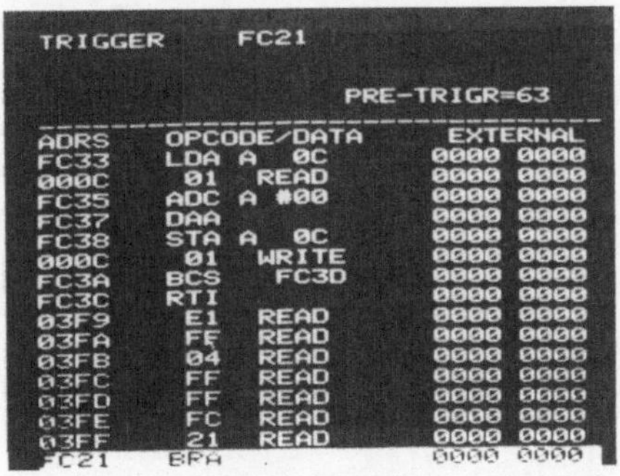

Bild 73

In Bild 74 wurde ein Trigger-´Fenster´ so gesetzt, daß nur Zugriffe auf die PIA-Adressen ($0008 bis $000E) aufgezeichnet wurden. Danach wurde durch einen Übernahme-Puls ein einmaliger Durchlauf der Additionsroutine gestartet. Aus der Anzeige ergibt sich, daß genau 5 Zugriffe auf den PIA-Bereich erfolgt sind.

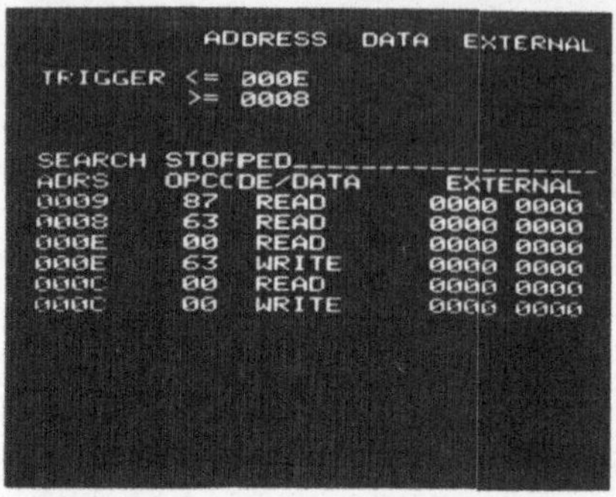

Bild 74

In Bild 75 ist eine Zeitmessung mit dem HP 1611A wiedergegeben. Es wurde die Zeit zwischen Auftreten des Interrupts (Zugriff der CPU auf den IRQ-Start-Vektor in Zelle $FFF8) und dem Ende der zugehörigen IRQ-Service-Routine (genauer dem ersten Befehl nach der IRQ-Service-Routine, also dem Befehl BRA in Adresse $FC21) gemessen.

7.5 Vergleich der verschiedenen Testverfahren

Betrachtet man die im vorangegangenen beschriebenen Test- und Entwicklungshilfen hinsichtlich ihrer Einsetzbarkeit, so fällt eine generelle Wertung schwer. Die Einsetzbarkeit ist in Tabelle 10 in Form einer Matrix wiedergegeben, aus der die verschiedenen Möglichkeiten hervorgehen. Selbstverständlich ist eine solche Darstellung nur sehr grob, weil die Eigenschaften verschiedener Produkte von verschiedenen Herstellern sehr unterschiedlich sind.

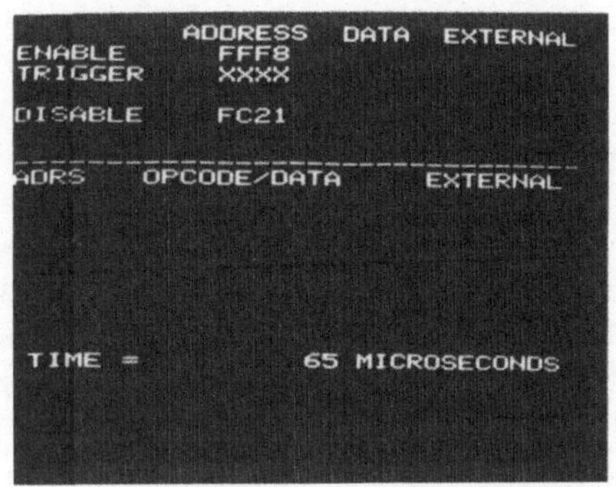

Bild 75

	Cross-Software	Entwicklungssystem	Entwicklungssystem mit In-Circuit Emulation	Logic State Analyzer
Konstruktion eines Hardware-Prototypen und Hardware-Test	---	entfaellt weitgehend,wenn das Entwicklungssystem als Prototyp verwendet wird	siehe links	in Verbindung mit einem Oszillographen einsetzbar
Erstellung der Programme fuer den Prototypen	Cross-Assembler, -Compiler	Assembler, Compiler	Assembler, Compiler	---
Test der Programme fuer den Prototypen	Cross-Simulator*	Debugging-Programme	Debugging-Programme	gut verwendbar,da im allgemeinen neben Daten+Adressen zusaetzliche Signale ueberwacht werden koennen
Test eines Nullmusters	---	---	unter Beachtung einiger Hardware-Einschraenkungen anwendbar	gut anwendbar (s.o.)
Endpruefung in der Produktion	---	---	mit geeigneten Testprogrammen anwendbar	in Verbindung mit Testprogrammen anwendbar
Fehlersuche im Rahmen des Service	---	---	anwendbar	gut anwendbar

* Cross-Simulator-Vorteil: Programmtest parallel zur Hardware-Entwicklung moeglich,
  Nachteil: Sehr unhandlich oder gar nicht verwendbar bei Programmen, die Interrupts
  bearbeiten.

Tabelle 10

8   Beispiel eines Mikroprozessor-gesteuerten Gerätes: Strich-Code-Lesegerät

8.1   Beschreibung der Aufgabenstellung

Das zu beschreibende Gerät dient dazu, maschinenlesbare strich-
codierte Information zu lesen, zu prüfen und als kompletten Datenblock von ASCII-Zeichen über eine Teletype-Schnittstelle an
einen übergeordneten Rechner abzuschicken. Das Lesen der strich-
codierten Information erfolgt mit.Lesestiften, die die Hell-Dun-
kel-Information des Strich-Codes beim Überstreichen in elektrische Signale umsetzen.

Für das Beispiel wird folgender spezieller Strich-Code zugrunde
gelegt: Die Striche liegen nicht notwendig in einem festen Ras-
ter, ein schmaler Strich entspricht einer 0, ein breiter Strich
entspricht einer 1, das Breitenverhältnis zwischen schmalen und
breiten Strichen ist 1 : 3. Die zu codierende Information besteht
aus Hexadezimal-Ziffern, daher besteht jede Ziffer aus genau
4 Strichen; das 2^0-Bit befindet sich dabei jeweils <u>links</u> (Bild
76).

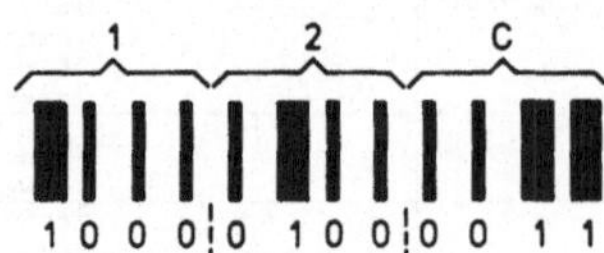

Bild 76: Strich-Code

Ein kompletter Strich-Code-Datensatz enthält neben der eigentlichen Zahlen-Information noch ein aus 2 Ziffern bestehendes
Sicherungszeichen. Außerdem ist der aus Daten und Sicherungszeichen bestehende Teil von einem START- und einem ENDE-Zeichen
eingerahmt (Bild 77). Start- und Ende-Zeichen sind unterschiedlich; deshalb kann der Lesestift von links nach rechts oder von
rechts nach links geführt werden. Das Startzeichen ist die Hexa-
Ziffer B, das Ende-Zeichen die Hexa-Ziffer E.

Bild 77: Strich-Code-Datensatz

Das Sicherungszeichen soll Fehllesungen aufgrund von Verschmut-
zungen des Etiketts oder Störungen auf den Übertragungsleitungen
vom Lesestift zum Auswerte-Gerät verhindern. Das Sicherungszeichen wird von der Steuerung des Strichcode-Druckers nach einem
bestimmten Algorithmus errechnet und zur eigentlichen Information hinzugefügt. Das Auswerte-Gerät bildet aus den Daten ebenfalls ein Sicherungszeichen und vergleicht es mit dem Sicherungszeichen, das im gelesenen Datensatz enthalten ist. Bei ordnungs-
gemäßer Lesung und Übertragung stimmen beide überein. Das Auswerte-Gerät quittiert eine fehlerfreie Lesung mit einem akustischen Quittungssignal (Summer im Halter des Lesestifts).

8.2   Hardware

An das Auswertegerät, das einen One-Chip-Mikroprozessor M 6800
enthält, können 8 Strich-Code-Lesestifte angeschlossen werden.
Bild 78 ist ein Blockschaltbild der Hardware. Jedem Lesestift
sind eine Signalformerschaltung und ein Summer zugeordnet. Über
8 Empfänger/Treiber-Schaltungen sind die 8 Stifte an das Auswerte-
gerät angeschlossen. Es besteht aus einem Mikrorechner (CPU,
RAM, PROM, paralleler Interface-Baustein PIA, asynchroner, serieller Interface-Baustein ACIA) und einigen weiteren elektronischen Komponenten (Flankendiskriminator, Monoflop usw.). Die
8 Lesestifte und die zugehörigen Summer sind über Empfänger-
bzw. Treiberstufen an den PIA-Baustein angeschlossen, die Abgabe
der aus dem Strich-Code gewonnenen Information erfolgt über eine
TTY-Nahtstelle z.B. an einen übergeordneten Rechner.

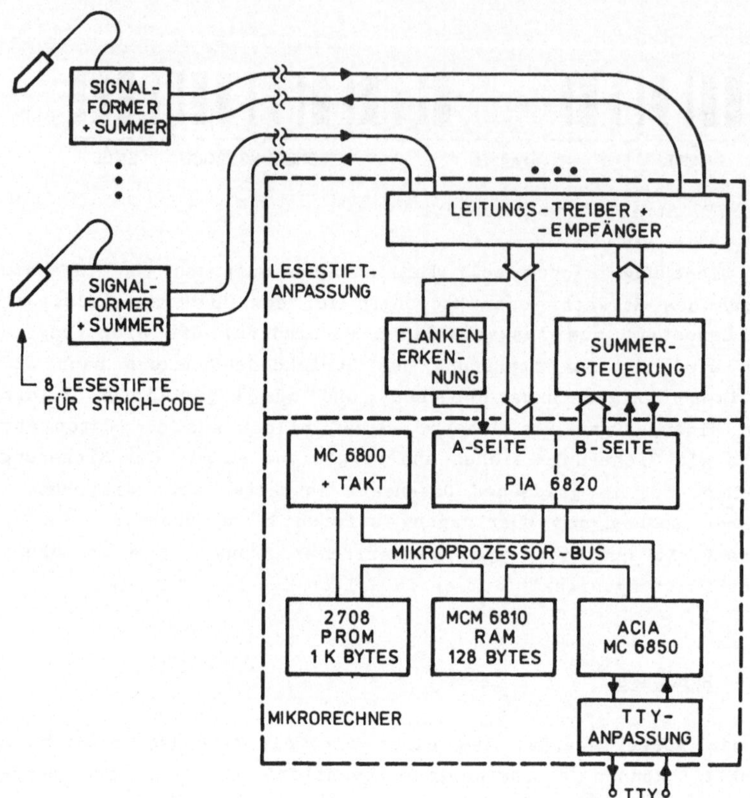

Bild 78: Blockbild des Strich-Code-Auswerte-Geräts

Aufteilung des Adreßraumes

Der Mikrorechner ist auf den speziellen Anwendungsfall zugeschnitten: Da das gesamte Programm knapp 800 PROM-Bytes und 104
RAM-Bytes benötigt, genügen ein PROM-Chip mit 1K Bytes (2708) und
ein RAM-Chip mit 128 Bytes (MCM 6810) als Speicher. Für die Entwicklung der Hardware muß die Aufteilung des Mikrorechner-Adreß-
raums festgelegt werden. Dabei muß lediglich beachtet werden,
daß das PROM unter den höchsten Adressen ($FFF8 bis $FFFF) ansprechbar sein muß (wegen der Interrupt- und Restart-Adressen).

Bild 79 gibt die zugrunde gelegte Adreßzuordnung für die Komponenten des Mikroprozessorsystems wieder.

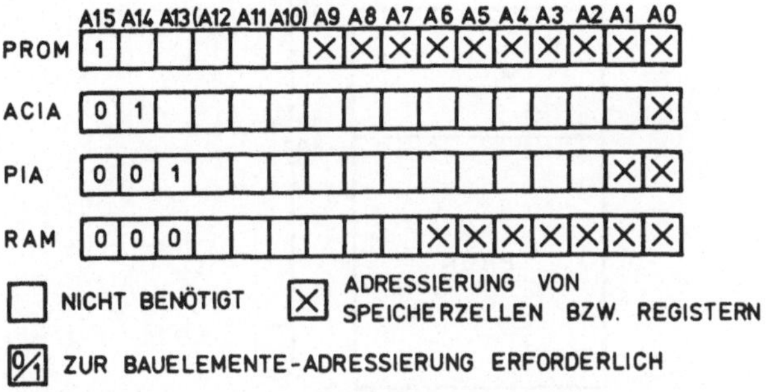

A15 A14 A13 (A12 A11 A10) A9 A8 A7 A6 A5 A4 A3 A2 A1 A0

PROM [1] [ ] [ ] [ ] [ ] [ ] [X][X][X][X][X][X][X][X][X][X]

ACIA [0][1] [ ] [ ] [ ] [ ] [ ] [ ] [ ] [ ] [ ] [ ] [ ] [ ] [ ] [X]

PIA   [0][0][1] [ ] [ ] [ ] [ ] [ ] [ ] [ ] [ ] [ ] [ ] [ ] [X][X]

RAM   [0][0][0] [ ] [ ] [ ] [ ] [ ] [ ] [X][X][X][X][X][X][X]

[ ] NICHT BENÖTIGT   [X] ADRESSIERUNG VON SPEICHERZELLEN BZW. REGISTERN

[0/1] ZUR BAUELEMENTE-ADRESSIERUNG ERFORDERLICH

Bild 79: Adreßzuordnung

Aus diesem Schema geht hervor, daß die Adreßleitungen A15, A14 und A13 zur Adressierung der Bauelemente ausreichen, und daß die Leitungen A12, A11 und A10 überhaupt nicht benötigt werden. Der RAM-Bereich ist so angelegt, daß er im direkten Adressierbereich ($00 bis $FF) liegt. Die verwendete unvollständige Adreß-Decodierung hat zur Folge, daß jede physikalische Speicherzelle unter mehreren verschiedenen Adressen ansprechbar ist; zum Beispiel wird unter den Adressen $0002, $0082, $0102, $0182... immer dieselbe RAM-Zelle angesprochen. Dies muß bei der Programmierung beachtet werden. Bild 80 gibt die Aufteilung des Adreßraums wieder.

Unter Berücksichtigung der Anzahl der jeweiligen Chip-Select-Eingänge der verwendeten Komponenten ergibt sich die Schaltung gemäß Bild 81. Zur Ansteuerung der PIA sind die Adreßleitungen A15, A14 und A13 erforderlich. Einer der drei PIA-Chip-Select-Eingänge wird für das Signal 'Valid Memory Address' benötigt, d.h. zwei der drei Adreßleitungen müssen mit einem Gatter zusammengefaßt werden. Ein weiteres Gatter wird zur Ansteuerung des PROMs benötigt, weil hier nur ein $\overline{CS}$-Eingang zur Verfügung steht. Ein Chip-Select-Eingang des RAM 6810 wird mit dem Takt-Signal $\phi2$ belegt, um zu gewährleisten, daß die Adreßleitungen und die R/$\overline{W}$-Leitung statisiert sind, bevor das RAM 'eingeschaltet' wird.

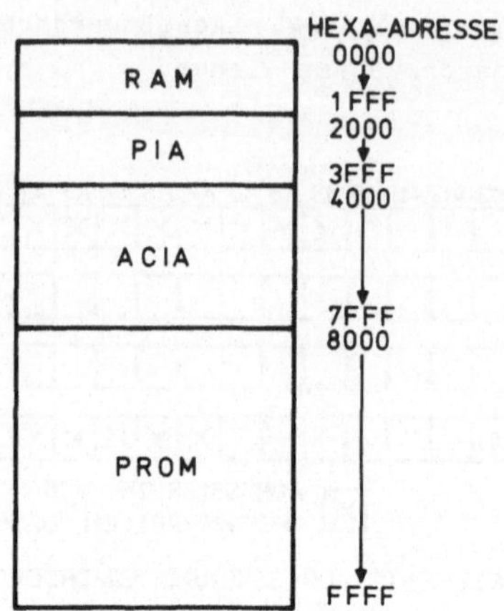

Bild 80: Aufteilung des Adreßraums

Teletype-Nahtstelle

Die TTY-Nahtstelle soll Daten mit 2,4 kBaud senden und empfangen.
Dazu benötigt die ACIA Taktsignale, die dem 16- oder 64fachen
von 2,4 kHz entsprechen. Wird die ACIA mit dem 16fachen der Sen-
de- bzw. Empfangsfrequenz betrieben, benötigt sie also ein Takt-
signal von 38,4 kHz. Der verwendete Takt-Generator-Baustein MC
6875 (aus der M6800-Familie) stellt neben den Signalen $\phi 1$, $\phi 2$,
RESET, Bus-$\phi 2$ und weiteren Signalen, die hier nicht benötigt
werden, auch die vom externen Quarz abhängigen Signale ´2 x fo´
und ´4 x fo´ zur Verfügung (4 x fo = Quarzfrequenz). Im Beispiel
ist 4 x fo = 4 MHz. Teilt man das Signal 2 x fo (2 MHz) im Ver-
hältnis 1 : 52 herunter, erhält man die für die ACIA erforderlichen 38,4 kHz. Als Teiler wird ein über Kreuz rückgekoppeltes
Schieberegister MC 14557 eingesetzt. Die Länge dieses Schieberegisters ist über 6 Eingänge einstellbar, sodaß sich jedes gerad-
zahlige Teilungsverhältnis zwischen 1 : 2 und 1 : 128 einstellen
läßt.

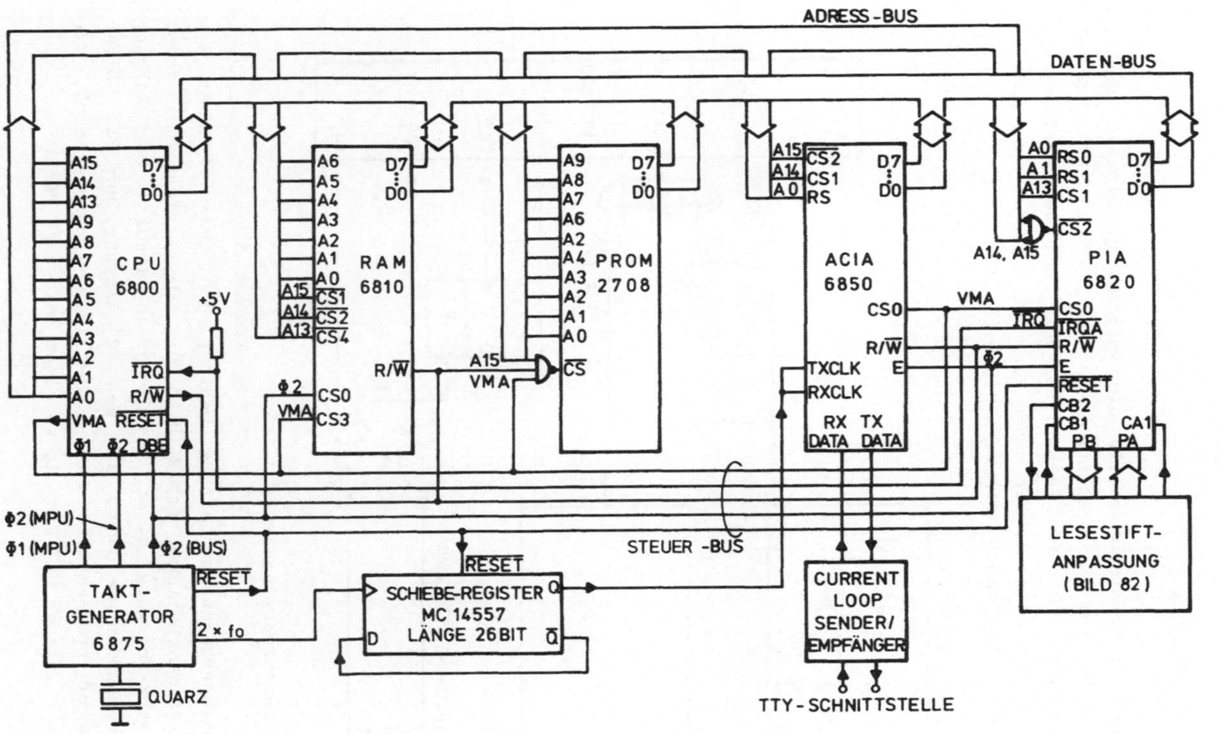

BILD 81:   SCHALTBILD DES MIKRORECHNERS

Lesestift-Anpassung

Die Lesestift-Anpassung stellt die Verbindung zwischen den Lesestiften und dem Mikrorechner her. Sie enthält neben den Leitungsempfängern für die Lesestiftsignale und den Treibern für die akustischen Signalgeber noch eine Flankenerkennung und ein Zeitglied zur Bestimmung der Summ-Dauer (Bild 82).

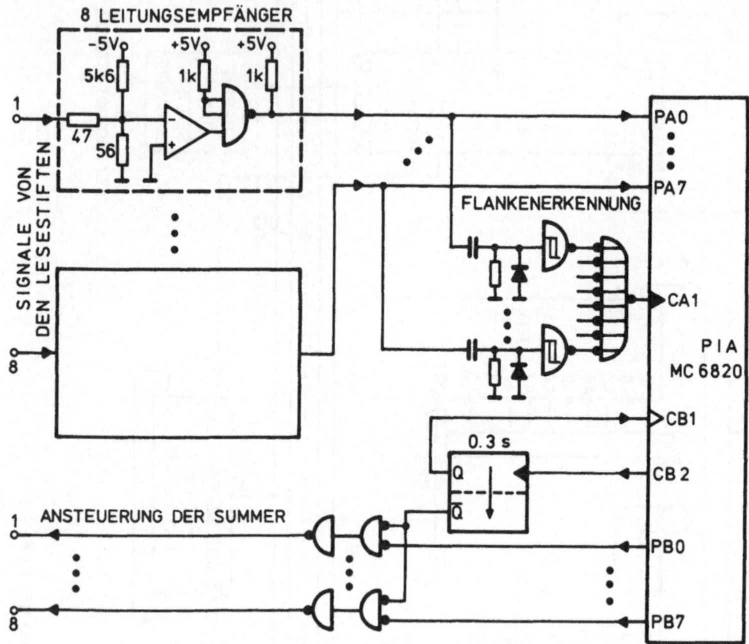

Bild 82: Lesestift-Anpassung

Die Flankenerkennungsschaltung besteht pro Lesestiftkanal aus einem Differenzierglied gemäß Bild 83. Sie liefert bei jedem weiß-schwarz-Übergang einer Lesung einen Impuls. Der Ausgang der Flankenerkennung führt auf den CA1-Eingang der PIA. Diese PIA wird so programmiert (siehe Initialisierungsprogramm), daß eine H➡L-Flanke am CA1-Eingang zu einem Interrupt führt.

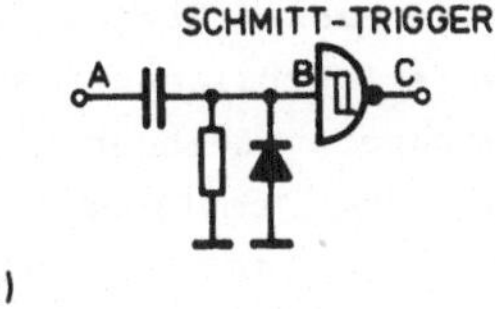

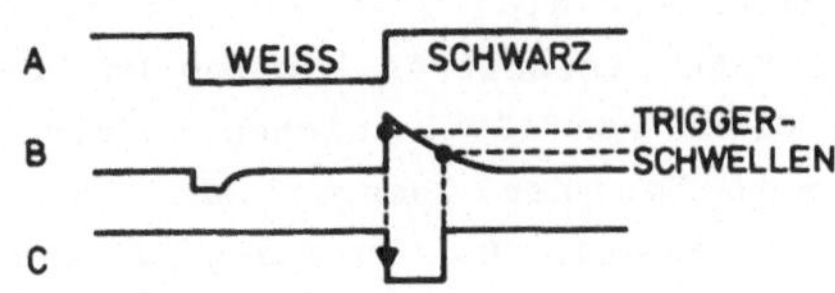

Bild 83: Flankenerkennung   a) Schaltbild
                             b) Signalverlauf

<u>Summer-Ansteuerung</u>

Die Summer-Ansteuerung wird von der B-Seite der PIA betrieben.
Das Bit-Muster im als Ausgang geschalteten Datenregister B der
PIA wählt den Summer aus (0 = 'Summer angewählt'). Mit einem
mit dem Laden des Datenregisters B am CB2 Ausgang der PIA auftretenden Low-Impuls wird das Summdauer-Monoflop angeworfen. Die
Rückflanke des Monoflop-Ausgangs setzt über den CB1-Eingang die
entsprechende Flagge im PIA-Kontrollregister B. Dadurch ist im
Programm prüfbar, ob die Summdauer abgelaufen ist. Das ist erforderlich, weil ein neues akustisches Quittungssignal nur dann
erfolgen darf, wenn das vorangegangene beendet ist.

8.3   <u>Software</u>

Das Sammeln der Information vom Lesestift im Mikrorechner beruht
auf folgendem Prinzip: Der Lesestift liefert digitale Ausgangssignale, und zwar eine logische '1', wenn die Stiftspitze nicht
auf eine Licht-reflektierende Unterlage aufgesetzt ist bzw. die
Unterlage zu wenig Licht reflektiert, wie es bei schwarzen Markierungen der Fall ist. Auf weißer Unterlage, d.h. hier zwischen
den Markierungen, liefert der Lesestift ein logisches '0'-Signal.
Bei einem Überstreichen des Strichcodes mit dem Lesestift ent-
steht damit ein Impulszug, in dem die Länge eines '1'-Impulses
ein Maß für die Breite des 'gelesenen' schwarzen Striches ist.

Das Programm muß die Impulsbreiten in einem solchen Impulszug
´auszählen´, die Werte für die Breiten der schwarzen Striche abspeichern, umcodieren, prüfen und nach einer erfolgreichen Lesung
als Block von ASCII-Zeichen zu einem übergeordneten Rechner übertragen. Hat der übergeordnete Rechner die Daten empfangen, so
sendet er ein Quittungssignal zum Mikrorechner, der daraufhin
ein akustisches Quittungssignal für den Benutzer des Lesestiftes
erzeugt. Nach dem Start des akustischen Signals (Dauer etwa 0.3s)
muß das Programm die Signale anderer Stifte bereits wieder verar-
beiten können (keine Blockierung während der Summ-Zeit).

Das Programm ist so ausgelegt, daß 1 bis 13 Zeichen pro Lesung
verarbeitet werden können, d.h. die Anzahl der gelesenen Striche
muß 4 START-Striche + 4 ENDE-Striche + 8 PRÜFBYTE-Striche + n·4
DATEN-Striche betragen (n = 1, 2, 3...13). Anhand der DATEN-Striche entwickelt das Programm ein CHECKWORT, welches bei ordnungs-
gemäßer Lesung mit dem gelesenen PRÜFBYTE übereinstimmen muß.
Die Bilder 84 und 85 geben eine Übersicht über das Gesamtpro-
gramm.

Das ´Haupt´-Programm (Bild 84) besteht aus einem Initialisierungs-
abschnitt (Power-Up-Routine), der nach dem Netzeinschalten durchlaufen wird, einem Vorbereitungsprogramm, das nach dem Lesen
jedes Strich-Code-Datensatzes wieder durchlaufen wird (Einsprung
bei (1)) und einer ´Wait for Interrupt´-Anweisung (Interne Warte-
Schleife des Prozessors).

Das eigentliche Verarbeitungsprogramm (Bild 85) umfaßt die drei
Teile   - Sammelprogramm
         - Auswertungsprogramm
         - Ausgabeprogramm.
Es wird durch einen Interrupt gestartet, der durch den ersten
weiß-schwarz-Übergang beim Lesen eines Strich-Codes ausgelöst
wird. Das Programm ist so geschrieben, daß ein Interrupt nur
wirksam werden kann, wenn sich der Mikroprozessor im Wartezustand
befindet, d.h. wenn gerade kein Programm bearbeitet wird. Werden
die Signale eines Stiftes bearbeitet (gesammelt oder verarbeitet), so ist dieses Programm nicht unterbrechbar, d.h. die übri-
gen Stifte sind für diese Zeit gesperrt.

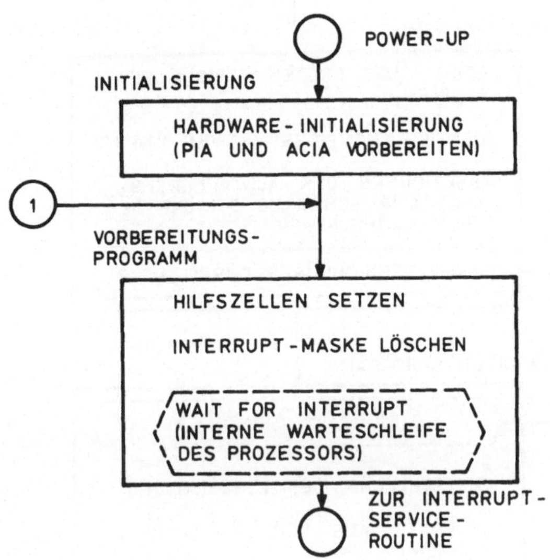

Bild 84: ´Haupt´-Programm

8.3.1 Initialisierungs- und Vorbereitungsprogramm

Das Initialisierungsprogramm wird nach dem Einschalten der Spannungsversorgung durchlaufen. Das Power-Up-Reset-Signal für die
CPU wird vom Clock-Generator MC 6875 (Bild 81) erzeugt. Mit der
Rückflanke des RESET-Signals beginnt der Prozessor mit der Bearbeitung des Programmabschnitts, dessen Anfangsadresse in den
Zellen $FFFE/$FFFF steht; im vorliegenden Fall ist dies die Adresse $FC00. Bild 86 gibt das Flußdiagramm des Initialisierungs-
abschnitts und des Vorbereitungsprogramms wieder.

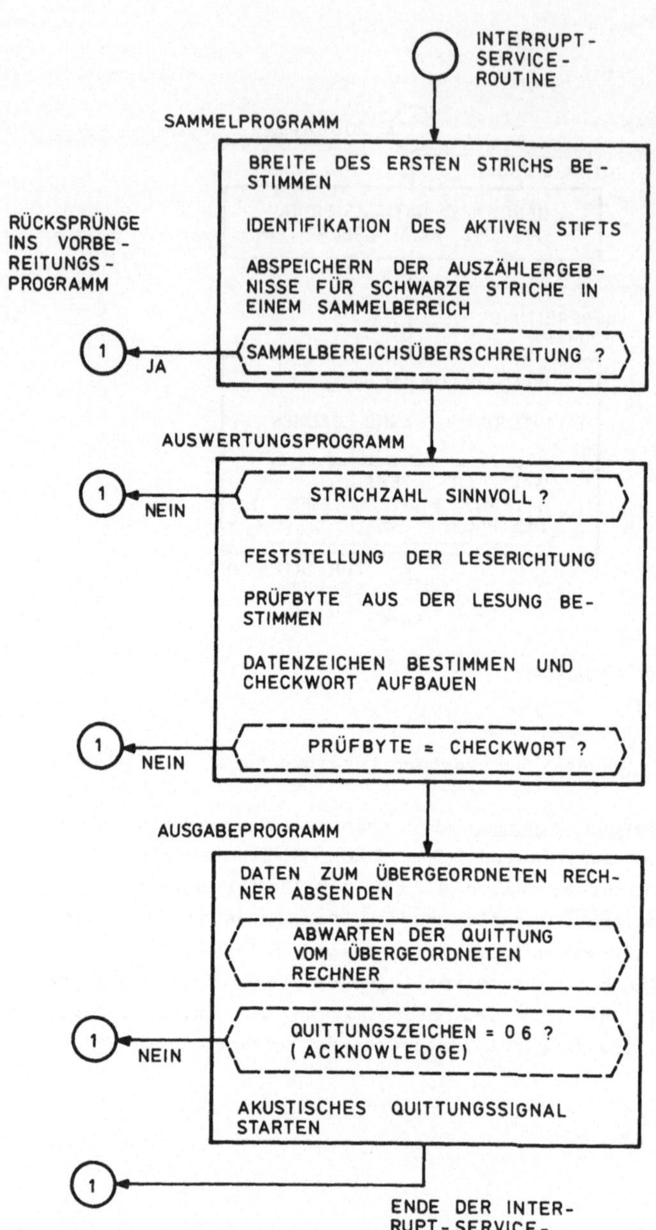

Bild 85: Verarbeitungsprogramm

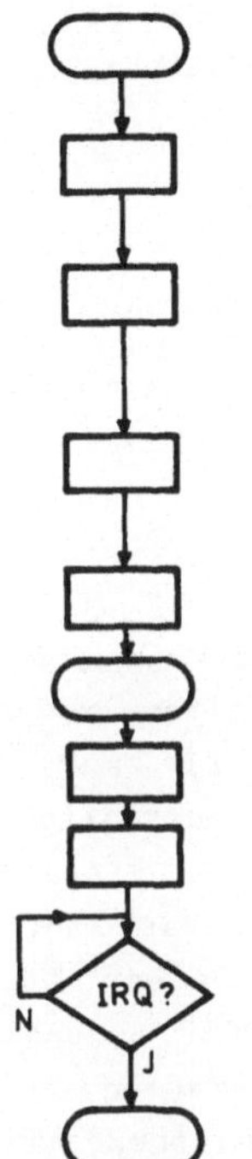

Initialisierung (Anfangsadresse $FC00)

in PIA-A-Seite (fuer Lesestiftsignale)
Betriebsart fuer CA1 einstellen:
aktive H->L-Flanke

PIA-B-Seite (zur Summeransteuerung) als
Ausgang programmieren und Betriebsart fuer
CB1 und CB2 einstellen: Handshake-Betrieb

serielle Nahtstelle ruecksetzen und mit
Parametern fuer Anzahl der Datenbits,
Anzahl der Stopbits, Taktuntersetzungs-
verhaeltnis und Paritaet versorgen

Alle Interrupt-Flaggen durch Dummy-Read-
Operationen ruecksetzen

Vorbereitungsprogramm

Hilfszellen laden

Interrupt-Maske loeschen
(Interrupt freigeben)

Auf Interrupt warten
(interne Warteschleife des Prozessors)

zur Interrupt-Service-Routine

Bild 86: Initialisierungs- und Vorbereitungs-Programm

Initialisierung der PIA (vgl. Abschnitt 5.2.1)

```
LDA A #%00100101      PIA A LESESTIFTSIGNALE
STA A $2001           KONTROLLREGISTER PIA A
CLR   $2003           KONTROLLREGISTER PIA B:=0
LDA A #$FF            PIA B = AUSGAENGE
STA A $2002           DATENRICHTUNGSREGISTER PIA B
LDA A #%00101100      AUF DATENREGISTER UMSCHALTEN
STA A $2003           KONTROLLREGISTER PIA B
```

Bei der Ausführung der ersten beiden Programmzeilen wird das Binär-Muster 00100111 in das Kontrollregister der PIA-Hälfte A übertragen. Die einzelnen Bits haben folgende Bedeutung:

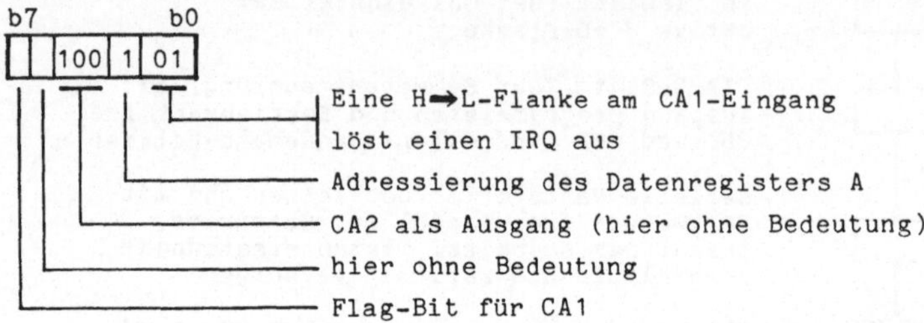

Die ersten beiden Befehle genügen zur Initialisierung der PIA-A-Seite, da mit dem RESET-Signal nach dem Einschalten der Spannungsversorgung die Datenrichtungs-Register der PIA auf ´Eingang´ gesetzt wurden. Bei der PIA-B-Seite muß zusätzlich das Datenrichtungsregister so geladen werden, daß die PIA-B-Seite als Ausgaberegister arbeitet. Dazu wird zunächst das Kontrollregister B gelöscht, dadurch wird (mit b2=0) das Datenrichtungsregister B beim nächsten Zugriff auf Adresse $2002 adressiert. Dieses Register wird mit den beiden folgenden Befehlen auf $FF gesetzt; damit ist die B-Seite der PIA als Ausgang programmiert.

Anschließend wird das Kontrollregister B wie folgt geladen:

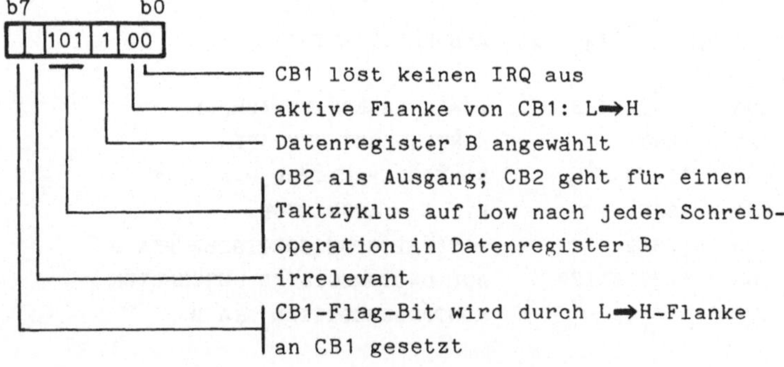

Dazu ist zu bemerken, daß eine aktive Flanke an CB1 auch dann
das Flag-Bit b7 setzt, wenn der CB1 zugeordnete IRQ durch b0=0
maskiert ist.

<u>Initialisierung der ACIA</u> (vgl. Abschnitt 5.2.2)

```
        LDA A #%00000011     MASTER-RESET ACIA
        STA A $4000
        LDA A #%00000101     PARAMETERVERSORGUNG
        STA A $4000
```

Die Initialisierung der ACIA erfolgt in zwei Schritten: Zunächst
wird das ACIA-Kontrollregister mit dem Binärmuster 00000011 geladen. Dies bewirkt eine Rücksetzung der ACIA. Im zweiten Schritt
wird die ACIA durch Laden des Kontrollregisters wie folgt programmiert:

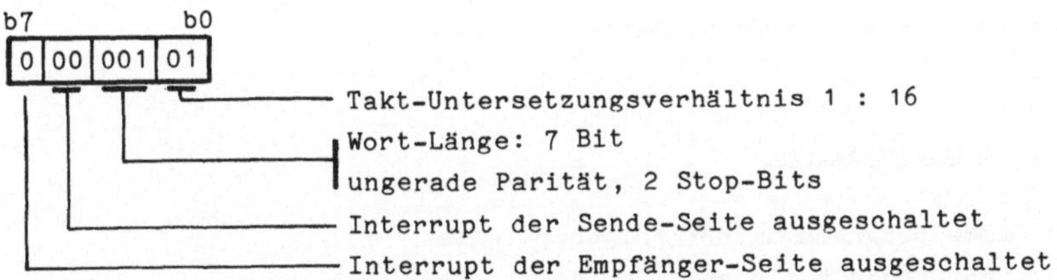

<u>Anfangsbedingung für Quittungssignal</u>

Mit der Befehlsfolge

```
        LDA A #$FF  MIT $FF WIRD KEIN SUMMER ANGESTEUERT,
        STA A $2002 ABER DAS SUMM-ZEIT-MONO WIRD GETRIGGERT
```

wird über den in 8.2 beschriebenen Mechanismus das Flag-Bit b7
des Kontrollregisters B der PIA nach Ablauf der Summzeit gesetzt.

Vorbereitungsprogramm

Das Vorbereitungsprogramm wird anschließend an das Initialisierungsprogramm und zusätzlich nach jedem Lese-Vorgang durchlaufen:

```
BEG   LDS #$7F      STACK-POINTER SETZEN
      CLR HZ        HELLZAEHLER LOESCHEN
      LDX #AS       ANFANG SAMMELBEREICH
      CLI           INTERRUPT MASKE RUECKSETZEN
      WAI           AUF INTERRUPT WARTEN
```

Der Stack-Pointer wird im vorliegenden Beispiel nicht verwendet,
er muß jedoch auf einen definierten, ´unschädlichen´ Wert gesetzt werden. Die weiteren Befehle setzen Anfangswerte für das
spätere Sammelprogramm. Mit dem Befehl CLI wird das Interrupt-
Mask-Bit im Condition Code Register des Prozessors gelöscht, und
somit werden Interrupts zugelassen. Mit dem WAI-Befehl geht der
Prozessor in eine interne Warteschleife.

8.3.2 Sammelprogramm

Das Sammelprogramm umfaßt folgende Teile
- Abtastung des ersten Striches
- Aufbau der Sammelmaske
- Sammeln der Abtastwerte für den ganzen Strich-Code-Block

Das Sammelprogramm wird durch einen Interrupt Request gestartet.
Der Mikroprozessor ist so organisiert, daß beim Eintreffen eines
Interrupts die Inhalte der Zellen $FFF8 und $FFF9 in den Befehlszähler übernommen werden. Der Programmierer muß also - wie bei
der Anfangsadresse des Initialisierungsprogramms - dafür sorgen,
daß in $FFF8 und $FFF9 die Anfangsadresse des Programms steht,
das nach dem Eintreffen eines Interrupts ausgeführt werden soll,
also in diesem Fall die Anfangsadresse des Sammelprogramms.

Erfassung der Lesestiftsignale

Die PIA A-Seite wurde während der Initialisierung so programmiert, daß im Zusammenspiel mit der Hardware bei einem Hell-Dunkel-Übergang beim Lesen eines Strich-Codes ein Interrupt ausgelöst wird:

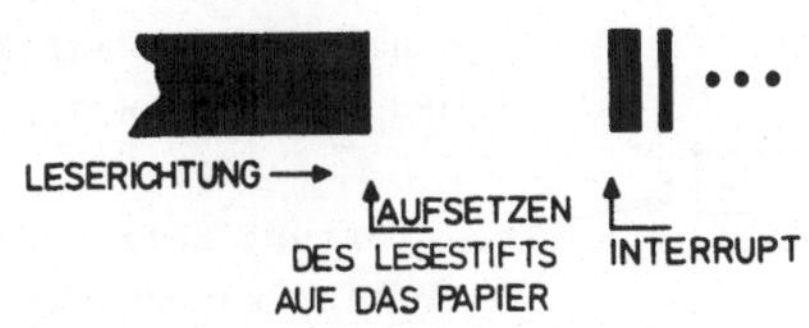

Von diesem Zeitpunkt an werden die Lesestiftsignale in einem festen Zeit-Raster durch eine Programmschleife abgetastet. Damit eventuell auftretende Lesestiftsignale anderer Stifte die Auswertung nicht beeinflussen und damit nach einer erfolgreichen Lesung ein eindeutiges Quittungssignal zum Stift gesendet werden kann, wird nach dem Interrupt eine Maske aufgebaut, die nur die Signale _eines_ Stiftes durchläßt. Diese Maske kann erst aufgebaut werden, wenn sich der Lesestift in der Lücke zwischen den ersten beiden Strichen befindet (Bild 87). Solange ein Stift während einer Lesung über einen Strich bewegt wird, erhöht das Programm in festen Zeitabständen den Inhalt einer diesem Strich zugeordneten Zelle des Sammelbereichs im RAM, d.h. der Inhalt der Zelle ist ein Maß für die Breite des Striches (Bild 88). In den Lücken zwischen den Lesungen wird jeweils die Adresse der Sammelzelle inkrementiert, sodaß die Breite des folgenden Strichs in der Zelle mit der nächst höheren Adresse abgespeichert wird. Die Breite der Lücken wird im Hellzähler (HZ) ermittelt. Der Hellzähler wird bei jeder Lücke erneut bei 00 gestartet. Die Erkennung des Endes eines Strich-Codes erfolgt durch Überlauferkennung: Entweder läuft der Hellzähler nach dem letzten Strich über oder - nach dem Abheben des Stiftes - die aktuelle Zelle des Sammelbereichs (Bild 89).

Muster der Lesestiftsignale (PIA A-Seite):

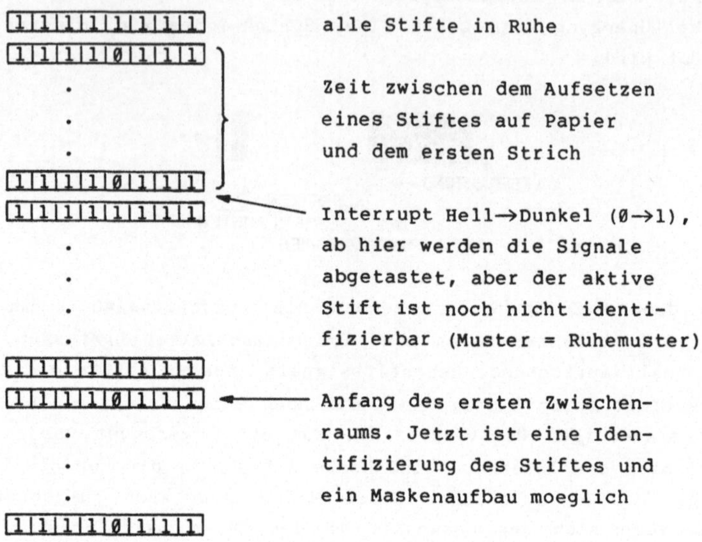

Zeit zwischen dem Aufsetzen
eines Stiftes auf Papier
und dem ersten Strich

Interrupt Hell→Dunkel (0→1),
ab hier werden die Signale
abgetastet, aber der aktive
Stift ist noch nicht identi-
fizierbar (Muster = Ruhemuster)

Anfang des ersten Zwischen-
raums. Jetzt ist eine Identifizierung des Stiftes und
ein Maskenaufbau moeglich

Bild 87: Identifizierung des aktiven Lesestifts

Bild 88: Auszählung der Strichbreiten

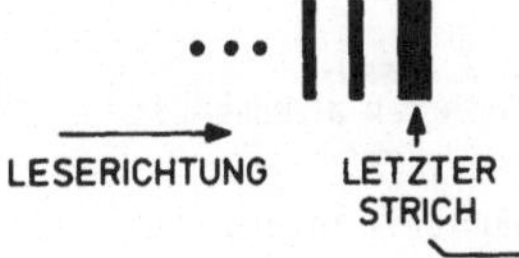

Bild 89: Ende-Erkennung des Strich-Codes

Programmübersicht

Bild 90 gibt ein Flußdiagramm des Sammelprogramms wieder.

Abtastung des ersten Strichs


```
SAMMEL     LDA A $2000          START LESUNG (NACH INTERRUPT)
           COM A                NEGATION LESESTIFTEMUSTER
           BNE AMAS             BEI LUECKE MASKENAUFBAU
           INC VERL             VERZOEGERUNG T1 ANFANG
           DEC VERL
           INC VERL
           DEC VERL             VERZOEGERUNG T1 ENDE
           INC X                SAMMELBEREICHSZELLE INKR.
           BEQ BEG              UEBERLAUF = FEHLINTERRUPT
           BRA SAMMEL           WEITER ABTASTEN
```


Die Dummy-Befehlsfolgen INC bzw. DEC VERL dienen der Verlänge-
rung der Durchlaufzeit durch die Abtastschleife. Die Abarbei-
tungszeit der Abtastschleife beträgt (bei einer Zykluszeit von
1 μs) ca. 50 μs, d.h. bei der langsamsten zulässigen Lesung stehen also 255·55 μs = 12,75 ms für einen breiten Strich zur Verfügung.

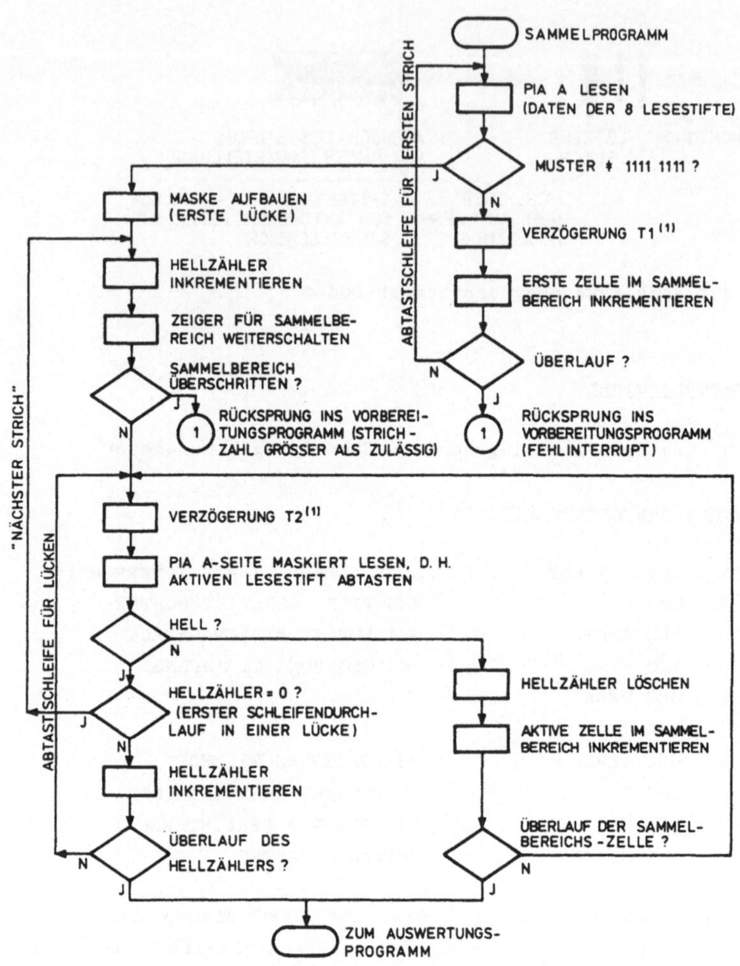

(1) Die Verzögerungen T1,T2 werden durch Leer-Befehle realisiert;
sie sind zur Einstellung der exakten Abtastschleifen- Längen
erforderlich.

Bild 90: Flußdiagramm des Sammelprogramms

<u>Maskenaufbau</u>

```
AMAS        STA A MASK          MUSTER ABSPEICHERN
            DEC A
            EOR A MASK          (EXKLUSIV ODER)
            AND A MASK
            STA A MASK          MASKE ABSPEICHERN
```

Dieses Programmstück selektiert im Falle von mehreren <u>gleich-</u><u>zeitig</u> aktiven Lesestiften denjenigen, dem die am weitesten ´rechts´ stehende Bit-Position zugeordnet ist.

Wirkung des Programmstückes: (Es seien drei Stifte aktiv)

```
01001100    Akku A = MASK = gelesenes Muster
01001011    Akku A dekrementieren
00000111    Akku A EXOR MASK
00000100    Akku A UND MASK; MASK = Maske
```

8.3.3 <u>Auswertungsprogramm</u>

Das Auswertungsprogramm besteht aus 6 Teilen (Bild 91). Der erste Programmteil prüft, ob der gelesene Datensatz eine korrekte Anzahl von Strichen enthält. Im darauf folgenden Programmteil werden zunächst alle Zählinhalte (Strichstärken) klassifiziert. Ist der Strich schmal, wird die Sammelbereichszelle auf $00 gesetzt, andernfalls auf $FF. Der folgende Programmschritt analysiert die Randzeichen und bestimmt die Abarbeitungsrichtung. Daran schließt sich die Berechnung des Checkwortes und der Vergleich mit dem gelesenen Prüfbyte an. Der letzte Teil des Auswertungsprogramms faßt je 4 Sammelbereichszellen zu einem ASCII-Zeichen zusammen und bereitet die Daten für das Ausgabe-Programm vor.

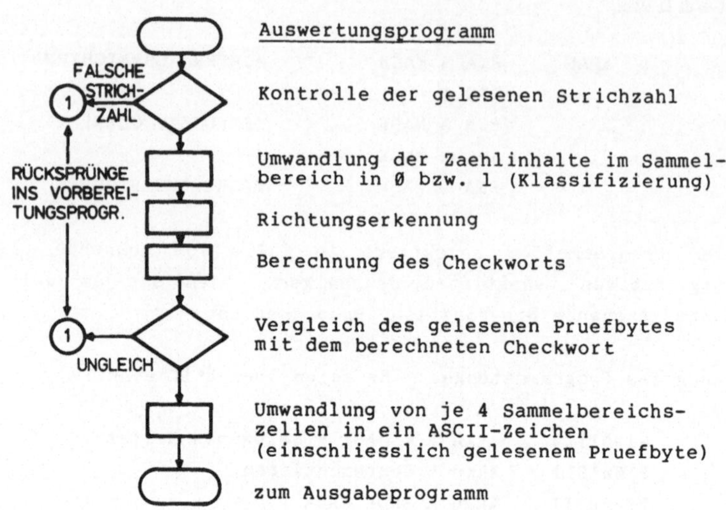

Bild 91: Auswertungsprogramm

Kontrolle der gelesenen Strich-Anzahl

Im Sammelprogramm (Bild 90) ist ein Sammelbereichszeiger vorgesehen, der während jeder ´Lücken-Bearbeitung´ inkrementiert wird.
Nach einer Lesung ergibt die Differenz zwischen diesem Zeiger
und der Anfangsadresse des Sammelbereichs die Anzahl der gelesenen Striche. Da ein sinnvoller Strich-Code-Datensatz mindestens 1 Datenzeichen enthalten muß, ist 20 die Mindestzahl an
Strichen eines sinnvollen Etiketts. Ferner muß die Gesamt-Strich-
zahl durch 4 teilbar sein. Bild 92 zeigt das Flußdiagramm eines
entsprechenden Programms.

Klassifizierungsprogramm

Aufgrund der manuellen Führung der Lesestifte ergeben sich Schwankungen der Lesegeschwindigkeit. Daraus folgen bei gleicher Strich-
breite unterschiedliche Abtastergebnisse. Eine dynamische Klassifizierung der Abtastergebnisse gleicht diese Schwankungen aus.

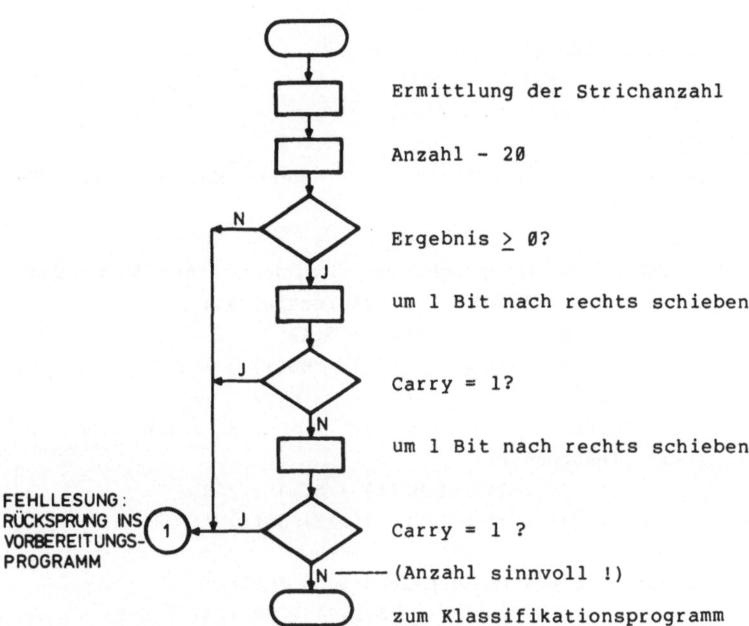

Bild 92: Kontrolle der gelesenen Strichzahl

Die Klassifizierung der Striche geschieht wie folgt: Ausgehend von einem Breitenverhältnis

$$\text{breit : schmal = 3 : 1}$$

wird eine Schwelle für die Klassifizierung dynamisch den gemessenen Werten angepaßt. Sie trennt jeweils den Erwartungsbereich für breite bzw. schmale Striche. Da unabhängig von der Leserichtung der erste Strich immer breit ist, kann daraus zunächst ein Startwert der Schwelle abgeleitet werden.

Es seien   MS(i)   Mittelwert schmaler Strich
                  MB(i)   Mittelwert breiter Strich
                  SCHW(i)   Schwelle zwischen schmal und breit
                  S(i)   Strichbreite

jeweils bezüglich des i-ten Strichs.

Dann gilt zunächst für die Startwerte:
$$MB(1) \quad = S(1)$$
$$SCHW(1) = 2/3 \; S(1)$$

Es hat sich folgende Fortschreibung der Werte MS, MB bzw. SCHW als günstig erwiesen:

Falls $S(i) \leq SCHW(i)$, entspricht der Strich i einer NULL. Dann werden die neuen Werte MS, MB wie folgt festgelegt:
$$MS(i+1) = (\; MS(i) + S(i) \;) \; / \; 2$$
$$MB(i+1) = (\; 3 \; S(i) + MB(i) \;) \; / \; 2$$

Falls $S(i) > SCHW(i)$, entspricht der Strich i einer EINS. In diesem Fall wird festgesetzt:
$$MB(i+1) = (\; MB(i) + S(i) \;) \; / \; 2$$
$$MS(i+1) = (\; 1/3 \; S(i) + MS(i) \;) \; / \; 2$$

Für die neue Schwelle ergibt sich in beiden Fällen:
$$SCHW(i+1) = (\; MS(i+1) + MB(i+1) \;) \; / \; 2$$

Das folgende Beispiel illustriert die dynamische Anpassung der Schwelle. Als Abtastergebnisse mögen die Werte gemäß Bild 93 vorliegen, d.h. die Lesegeschwindigkeit wurde von links nach rechts verdoppelt.

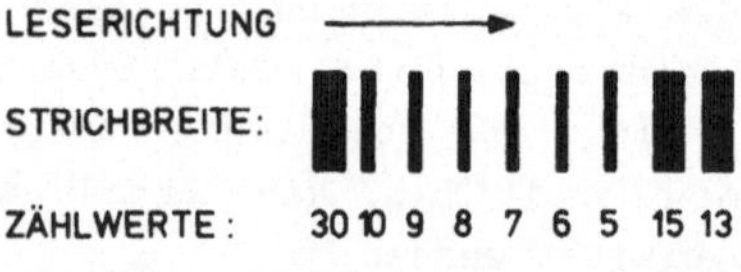

Bild 93

Es ergeben sich folgende Zahlenwerte:

i	S(i)	MS(i)	MB(i)	SCHW(i)
0	–	10	30	20
1	30	10	30	20
2	10	10	30	20
3	9	9	28	18
4	8	8	26	17
5	7	7	23	15
6	6	6	20	13
7	5	5	17	11
8	15	5	16	10
9	13	4	14	9

Nach dem Durchlauf durch das Klassifizierungsprogramm stehen
im Sammelbereich nicht mehr die Abtast-Ergebnisse, sondern für
jede Abtastzahl je nach Ergebnis der Klassifizierung $00 oder
$FF. Für das Beispiel aus Bild 93 ergibt sich:

Abtastergebnisse	Zelleninhalte nach Klassifizierung	
30	$FF	(breit)
10	$00	(schmal)
9	$00	(schmal)
8	$00	(schmal)
7	$00	(schmal)
6	$00	(schmal)
5	$00	(schmal)
15	$FF	(breit)
13	$FF	(breit)

<u>Richtungserkennung</u>

Dieses Programm analysiert zunächst die beiden äußersten Vierer-
gruppen des Sammelbereichs und bestimmt aus ihrem Inhalt die
Abarbeitungsrichtung und Beginn- und Ende-Adressen des Datenbe-
reichs (Bild 94).

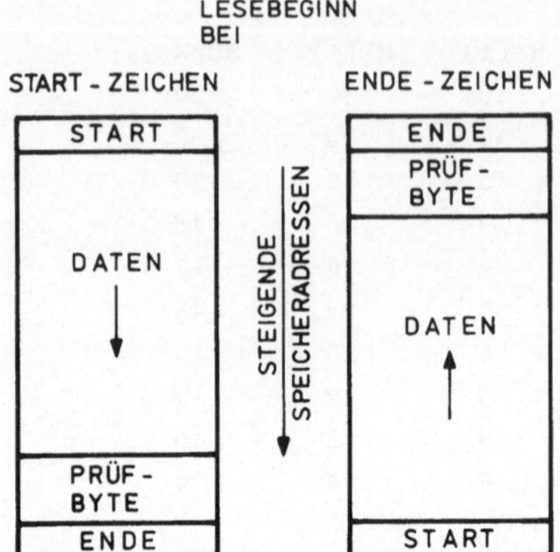

Bild 94: Abspeichern der gelesenen Daten für die beiden Leserich-
tungen

Aufbau und Vergleich des Checkworts

Der folgende Programmabschnitt führt den Aufbau des mit dem gelesenen Prüfbyte zu vergleichenden Checkworts durch. Der Aufbau
des Checkworts geschieht wie folgt:

Es sei $\underbrace{b1 \quad b2 \quad b3 \quad b4}_{\text{1. Hexa-Ziffer}} \quad \underbrace{b5 \quad b6 \quad b7 \quad b8}_{\text{2. Hexa-Ziffer}} \quad \ldots$

die Binärdarstellung der Daten in der Reihenfolge der Strich-
Codierung. Dann wird das Checkwort wie folgt gebildet:

CHECKW = \$FF EXOR (b1·C1) EXOR (b2·C2) EXOR (b3·C3) ...,
dabei sind die Ci in einer Liste abgelegte, den einzelnen Strich-
positionen zugeordnete 8-Bit-Einzel-Prüfworte. Die Ci stehen
ab Adresse \$FF00 im PROM-Speicher zur Verfügung:

C1 = \$C8, C2 = \$91, C3 = \$23, ...

Bild 95 gibt ein Beispiel für die Berechnung des Checkworts für einen Strich-Code, der eine einzige Ziffer als Nutzdaten enthält.

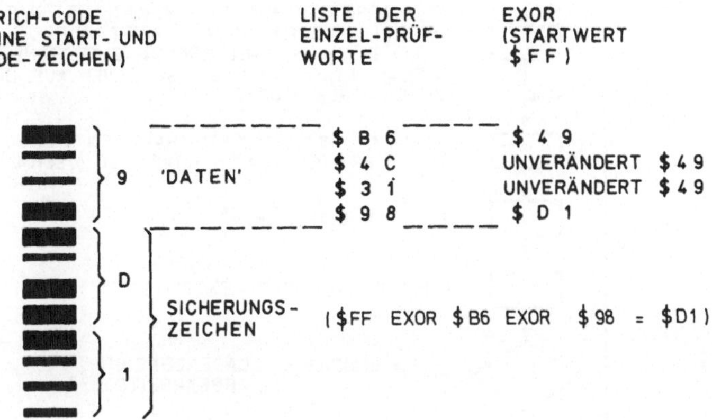

Bild 95: Beispiel für die Berechnung des Checkworts

<u>Bemerkung</u>:
Die beschriebene Art der Datensicherung ist den üblichen CRC-Verfahren (Cyclic Redundancy Check) ähnlich. Auch bei diesen Verfahren werden Software-Implementierungen vorzugsweise mit Listen durchgeführt, vgl. z.B. /7/.

Bild 96 gibt ein Flußdiagramm und Bild 97 die Befehlsfolge des entsprechenden Programmabschnitts wieder. In diesem Programmabschnitt wird der Stack-Pointer als zweites Index-Register verwendet. Die den Strichen entsprechenden Daten im Sammelbereich werden über das Indexregister adressiert, dabei wird das Index-Register je nach Abspeicherungsrichtung bei jedem Schritt inkrementiert oder dekrementiert (INCREM = +1 oder -1). Die Elemente der Prüfwort-Liste werden über den Stack-Pointer adressiert: sie werden mit dem Befehl PUL A in den Akkumulator geladen. Dieser Befehl inkrementiert <u>zuerst</u> den Stack-Pointer und holt <u>dann</u> das Element, auf das der Stack-Pointer zeigt, in den Akkumulator A.

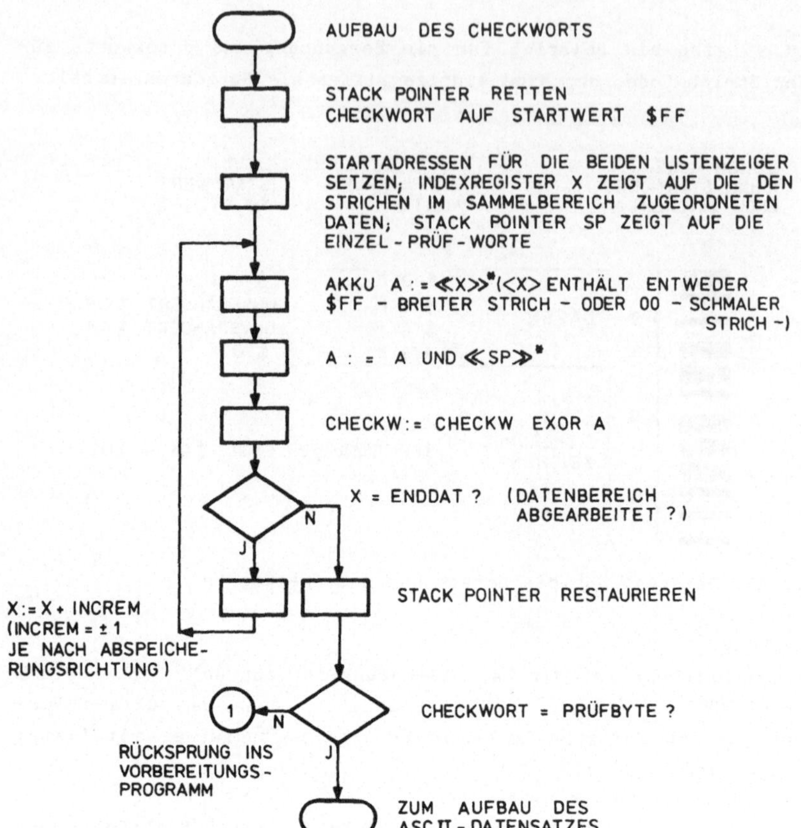

* <<X>> bedeutet: Inhalt der Speicherzelle, auf die X verweist

Bild 96: Flußdiagramm zum Aufbau und Vergleich des Checkworts

Umwandlung des Inhalts der Sammelbereichszellen in ASCII-Zeichen

Dieser Programmabschnitt wandelt je 4 Sammelbereichszellen, die jeweils entweder $00 oder $FF enthalten, in ein ASCII-Zeichen um und legt sie in einem speziellen Ausgabebereich im RAM ab. Dies geschieht in zwei Stufen: Zunächst werden je 4 Sammelbereichszellen zu einem Byte zusammengefaßt, das dann eine Dualzahl zwischen $00 und $0F enthält. Dann werden diese Dualzahlen in

```
CHECKW STS   HSP          STACK POINTER RETTEN
       CLR   CHWORT       CHECKWORT:=0
       COM   CHWORT       CHECKWORT:=$FF
       LDX   #BEGDAT      BEGINN-ADR. DATENBEREICH
       LDS   #$FEFF       BEGINN-ADR. EINZELPRUEFWORTE
       LDA A X            AKKU A := <X>
CHECK1 STA A HA           AKKU A RETTEN
       PUL A              SP INKREMENTIEREN,
*                         EINZELPRUEFWORT HOLEN
       AND A HA           )
       EOR A CHWORT       )CHECKWORT WEITERENTWICKELN
       STA A CHWORT       )
       CPX   ENDDAT       DATENBEREICH ABGEARBEITET?
       BNE   CHECK2
       STX   HZ           )
       LDA A INCREM       )
       ADD A HZ+1         )X := X + INCREM (INCREM = +/- 1!)
       STA A HZ+1         )
       LDX   HZ           )
       BRA   CHECK1       RUECKSPRUNG
CHECK2 LDS   HSP          STACK POINTER RESTAURIEREN
                .

                .

                .

       (Vergleich Prüfbyte - Checkwort)
```

Bild 97: Programm-Listing: Aufbau des Checkworts

ASCII-Zeichen umgewandelt; und zwar wird zunächst $30 addiert,
das ergibt für die Ziffern 0 bis 9 korrekte ASCII-Zeichen. Für
die 'Pseudo-Tetraden' A bis F muss dann ggf. noch $07 addiert
werden, um die korrekten ASCII-Zeichen $41 bis $46 zu erhalten.

8.3.4 <u>Datenausgabeprogramm</u>

Falls Prüfbyte und Checkwort übereinstimmen, werden die Daten
aus dem Ausgabebereich in die ACIA übertragen. Vor der Übertragung wird das Indexregister mit der Anfangsadresse des Ausgabe-
bereichs geladen.

Die Übertragung eines Zeichens in die ACIA erfolgt nur, wenn
das Bit b1 des ACIA Status-Registers 1 ist, d.h. wenn das Da-
ten-Sende-Register leer ist.

Empfängt die ACIA ein Zeichen, so wird das Bit b0 = 1 gesetzt.
Wenn alle Daten übertragen wurden, testet das Programm anhand
dieses Bits, ob eine Antwort vom übergeordneten System empfangen wurde. Ist das empfangene Zeichen ACK (Acknowledge, $06),
so wird die Ausgabe des akustischen Quittungssignals gestartet,
und das Programm ist zu Ende, d.h. die nächste Lesung kann beginnen. Ist das Zeichen ungleich ACK, so kann zum Beispiel abgebrochen und ein Rücksprung ins Vorbereitungsprogramm durchgeführt
werden. An dieser Stelle könnte auch eine Wiederholungs-Schleife
eingebaut werden, die mehrere Übertragungsversuche startet. Vor
dem Start des akustischen Quittungssignals muß geprüft werden,
ob das vorhergehende Quittungssignal zu Ende ist. Diese Kontrolle
erfolgt über das Bit b7 des Kontrollregisters der PIA-Hälfte B.
Ist b7 = 1 (Signal zu Ende), so muß dieses Flag-Bit gelöscht
werden, damit ein erneutes Prüfen des Quittungssignal-Zustands
möglich ist. Die Zuordnung Quittungssignal - Lesestift erfolgt
mit der im Abtastprogramm aufgebauten Maske.

<u>Literatur</u>

<u>zum Vorwort</u>:
/1/ Schmidt, V.: Digitalektronisches Praktikum,
    2.Aufl. Stuttgart 1977 (Teubner Studienskripten Band 19)

<u>zu Kapitel 1</u>:
/2/ National Semiconductor Application Notes:
    AN-43: Tri-State Logic in Modular Systems, 1971
    AN-45: Characteristics and applications of Tri-State IC´s,
        1971
-   Hahn, W.; Bauer, F.L.: Physikalische und elektrotechnische
    Grundlagen für Informatiker, Berlin-Heidelberg-New York 1975
    (Heidelberger Taschenbücher Band 147)
-   Advanced Micro Devices Application Note: Operation of the
    9130/40 4K Static Rams
-   Texas Instruments Bulletin MOSA1: Memory System Design Utili-
    zing TMS 4050/4051 4K Dynamic RAMs, 1976
-   Texas Instruments Bulletin MOSA3: Introduction to Refreshing
    TI 4K Dynamic RAMs, 1976

<u>zu Kapitel 2</u>:
-   National Semiconductor Application Note AN-89: How to Design
    with Programmable Logic Arrays
-   Klar, R.: Digitale Rechenautomaten, 2. Auflage Berlin 1976
-   Advanced Micro Devices Application Note: TTL MSI Arithmetic
    Logic Units

<u>zu Kapitel 3</u>:
/3/ Lewin,D.: Theory and Design of Digital Computers, London
    1972
-   Klar, R.: Digitale Rechenautomaten, 2. Auflage Berlin 1976

zu Kapitel 5:

/4/ Huse, H.: I^2L: Die Technologie und ihre Anwendung in einem
    schnellen 4-Bit-Mikroprozessorelement. Elektronik 1976, H.2,
    S. 79-82
-   Motorola Semiconductor: M 6800 Microprocessor Applications
    Manual
-   Motorola Semiconductor: M 6800 Microprocessor Programming
    Manual

zu Kapitel 7:

/5/ Motorola Semiconductor: Motorola EXORciser Users Guide
/6/ Farnbach, W.A.: Bring up your uP ´bit-by-bit´. Electronic
    Design 15, Juli 1976 - auch als Hewlett Packard Application
    Note Nr. 167-19
-   Hewlett Packard Application Notes - Data Domain Series -
    Nr. 167-9, -11,-13,-14,-15,-16,-17,-18,-19

zu Kapitel 8:

/7/ Whiting, J.S.: An Efficient Software Method for Implementing
    Polynomial Error Detection Codes;
    Computer Design, März 1975, S.73-77

Anhang: M 6800-Befehlsvorrat

	Bezeichnung	Adres-sierung (Accu, Immediate, Direct, Extended, Indexed, Implied, Relative)	Arithmetische/Boolesche Operation, Beschreibung M = Speicherzelle mit beliebiger Adresse A = Akkumulator A, B = Akkumulator B
TRANSFERBEFEHLE			
LDA	LoaD Accumulator	xxxx	A := M bzw. B := M
PSH	PuSH Data	x	zuerst Akku-Inhalt in oberste Stack-Zelle, dann Stack Pointer dekrementieren
PUL	PULl Data	x	zuerst Stack-Pointer inkrementieren, dann Inhalt der obersten Stackzelle in den Akku
STA	STore Accumulator	xxx	M := A bzw. M := B
TAB	Transfer	x	B := A
TBA	Accumulators	x	A := B
TAP	Transfer Accu A to Condition Code Reg.	x	CCR := A
TPA	Transfer Cond. Code Register to Accu A	x	A := CCR
* LDX	LoaD IndeX Register	xxxx	X(H-Byte) := M, X(L-Byte) := M+1
* LDS	LoaD Stack Pointer	xxxx	SP(H-Byte) := M, SP(L-Byte) := M+1
* STX	STore IndeX Register	xxx	M := X(H-Byte), M+1 := X(L-Byte)
* STS	STore Stack Pointer	xxx	M := SP(H-Byte), M+1 := SP(L-Byte)
* TXS	Transfer IndeX Reg. to Stack Pointer	x	SP := X - 1
* TSX	Transfer Stack Pointer to IndeX Reg.	x	X := SP + 1

*   2-Byte-Operation

Anhang: M 6800-Befehlsvorrat

	Bezeichnung	Accu	Immediate	Direct	Extended	Indexed	Implied	Relative	Arithmetische/Boolesche Operation, Beschreibung
	ARITHMETISCHE UND LOGISCHE OPERATIONEN								
ADD	ADDition		x	x	x	x			A := A + M bzw. B := B + M
ABA	Add Accumulators						x		A := A + B
ADC	ADd with Carry		x	x	x	x			A := A + M + C bzw. B := B + M + C
AND	Logical AND		x	x	x	x			A := A UND M bzw. B := B UND M (Bit-weise)
SUB	SUBtract		x	x	x	x			A := A − M bzw B := B − M
SBC	SuBtract with Carry		x	x	x	x			A := A − M −C bzw. B := B − M − C
SBA	SuBtract Accumulators						x		A := A −B
CLR	CLeaR	x			x	x			M := Ø bzw. A := Ø bzw. B := Ø
COM	1's COMplement	x			x	x			M :=¬M bzw. A :=¬A bzw. B :=¬B
NEG	2's Complement (NEGate)	x			x	x			M := Ø − M bzw. A := Ø − A bzw. B := Ø − B
DAA	Decimal Adjust A						x		Wandelt das Ergebnis einer 1-Byte-Dual-Addition in Akku A in 2 BCD-Ziffern
DEC	DECrement	x			x	x			M := M −1 bzw. A := A −1 bzw. B := B − 1
* DEX	DEcrement IndeX Reg.						x		X := X −1
* DES	DEcr.Stack Pointer						x		SP := SP −1
EOR	Exclusive OR		x	x	x	x			A := A EXOR M bzw. B := B EXOR M
INC	INCrement	x			x	x			M := M + 1 bzw. A := A + 1 bzw. B := B + 1
* INX	INCrement IndeX-Reg.						x		X := X + 1
* INS	INCr. Stack Pointer						x		SP := SP +1

* 2-Byte-Operation

Anhang: M 6800-Befehlsvorrat

	Bezeichnung	Adressierung (Accu, Immediate, Direct, Extended, Indexed, Implied, Relative)	Arithmetische/Boolesche Operation, Beschreibung
ORA	OR Accumulator	xxxx	A := A v M bzw. B := B v M (Bit-weise)
ROL	ROtate Left	x xx	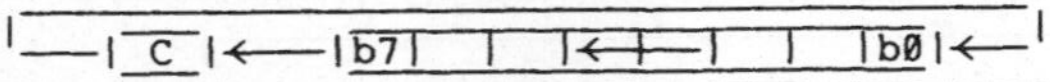 |—|C|←—|b7| | |←—| |b0|←| bzueglich M, A,oder B
ROR	ROtate Right	x xx	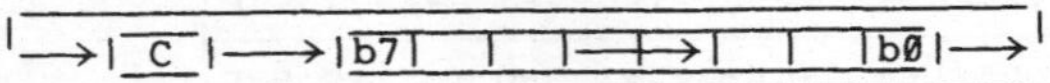 |→|C|—→|b7| | |—→| |b0|—→| bezueglich M, A oder B
ASL	Arithmetic Shift Left	x xx	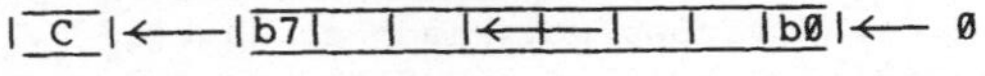 |C|←—|b7| | |←—| |b0|← 0 bezueglich M, A oder B
ASR	ARithmetic Shift Right	x xx	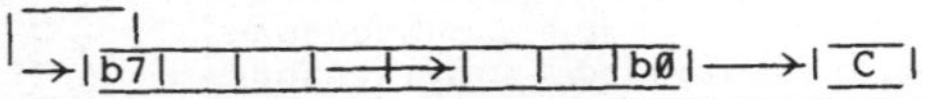 →|b7| | |—→| |b0|—→|C| bezueglich M, A oder B
LSR	Logic Shift Right	x xx	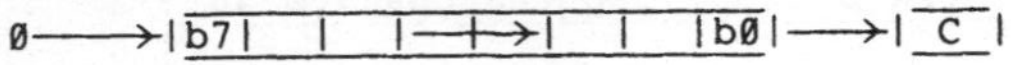 0—→|b7| | |—→| |b0|—→|C| bezueglich M, A oder B

TEST- UND VERGLEICHSOPERATIONEN

	Bezeichnung	Adressierung	Beschreibung
BIT	BIt Test	xxxx	Teste (A UND M) bzw. (B UND M); setze CCR entsprechend
CMP	CoMPare	xxxx	Teste (A – M) bzw (B – M); setze CCR entsprechend
CBA	Compare Accumulators	x	Teste (A – B); setze CCR entsprechend
* CPX	ComPare IndeX Reg.	x	Teste X(H-Byte)–M und X(L-Byte); setze CCR entsprechend
TST	TeST, Zero or Minus	x xx	Teste (M-0) bzw. (A-0) bzw. (B-0); setze CCR entsprechend

VERZWEIGUNGS- UND SPRUNGBEFEHLE

	Bezeichnung	Adressierung	Beschreibung
JMP	JuMP	xx	Unbedingter Sprung; beliebige Zieladresse
JSR	Jump to SubRoutine	xx	Unterprogramm-Sprung mit Retten des PC auf den Stack; SP := SP – 2
RTS	ReTurn from Subroutine	x	Ruecksprung aus einem Unterprogramm; Restaurierung des PC; SP := SP + 2

* 2-Byte-Operation

Anhang: M 6800-Befehlsvorrat

	Bezeichnung	Adressierung							Arithmetische/Boolesche Operation, Beschreibung
		Accu	Imm.	Dir.	Ext.	Ind.	Impl.	Rel.	
BRA	BRAnch Always							x	unbedingt
BCC	Branch if Carry Clear							x	Carry = 0
BCS	Branch if Carry Set							x	Carry = 1
BEQ	Branch if EQual Zero							x	das letzte Ergebnis null war
BGE	Branch if Greater or Equal Zero							x	das letzte Ergebnis null oder positiv war
BGT	Branch if GreaTer Zero							x	das letzte Ergebnis positiv war
BHI	Branch if HIgher							x	der Minuend bei der letzten Vergleichs- oder Subtraktions-Operation groesser als der Subtrahend war
BLE	Branch if Less then or Equal to Zero							x	das letzte Ergebnis kleiner oder gleich null war
BLS	Branch if Lower or Same							x	der Minuend bei der letzten Vergleichs- oder Subtraktions-Operation kleiner oder gleich dem Subtrahenden war
BLT	Branch if Less Then Zero							x	das Ergebnis der letzten Vergleichs- oder Subtraktions-Operation negativ war
BMI	Branch if MInus							x	das Bit b7 des letzten Ergebnisses =1 war
BNE	Branch if Not Equal Zero							x	das letzte Ergebnis ungleich null war
BVC	Branch if OVerflow Clear							x	das Overflow-Bit des CCR null ist
BVS	Branch if OVerflow Set							x	das Overflow-Bit des CCR eins ist
BPL	Branch if PLus							x	das Bit b7 des letzten Ergebnisses 0= war
BSR	Branch to SubRoutine								unbedingte Verzweigung mit Retten des PC auf den Stack; SP := SP - 2

Verzweigung mit Reichweite -125 bis +129, falls: (gilt für die bedingten Verzweigungsbefehle)

Anhang: M 6800-Befehlsvorrat

	Bezeichnung	Accu	Immediate	Direct	Extended	Indexed	Implied	Relative	Arithmetische/Boolesche Operation, Beschreibung
					Adressierung				
ORGANISATORISCHE BEFEHLE									
CLC	CLear Carry						x		Carry := 0
SEC	SEt Carry						x		Carry := 1
CLI	CLear Interrupt Mask						x		Interrupt Mask Bit := 0
SEI	SEt Interrupt Mask						x		Interrupt Mask Bit := 1
CLV	CLear OVerflow						x		Overflow := 0
SEV	SEt OVerflow						x		Overflow := 1
WAI	WAIt for Interrupt						x		Rettet den Prozessor-Status auf den Stack; erniedrigt den SP um 7; interne Warteschleife des Prozessors
RTI	ReTurn from Interrupt						x		Ruecksprung aus einer Interrupt-Service-Routine; restauriert den Prozessor-Status; erhoeht den SP um 7
SWI	SoftWare Interrupt						x		Spezialbefehl - vgl. Prozessor-Handbuch
NOP	No OPeration						-		Leer-Befehl, inkrementiert nur den PC

Liste der verwendeten Abkürzungen

Zu jeder Abkürzung ist jeweils die ausgeschriebene Form angegeben und gegebenenfalls die Seitenzahl der Seite, auf der eine
Erklärung zu finden ist.

A	Akkumulator A	95
ACIA	Asynchronous Communication Interface Adapter	109
ACK	Acknowledge	194
AEQUIV	logische Aequivalenz	-
ALU	Arithmetic Logic Unit	36
ASCII	American Standard Code for Information Interchange	108
B	Akkumulator B	96
BA	Bus Available	100
BC	Block Carry	39
BCD	Binary Coded Decimal	-
BG	Block Carry Generate	39
BP	Block Carry Propagate	39
C	Carry	-
CAS	Column Address Strobe	17
CCR	Condition Code Register	97
CG	Carry Generate	37
CI	Carry-In	-
CLA	Carry Look Ahead	39
CP	(1) Clock Pulse	-
	(2) Carry Propagate	37
CPU	Central Processing Unit	46
CRC	Cyclic Redundancy Check	191
CS	Chip Select	-
CTS	Clear-to-Send	110
DCD	Data Carrier Detect	110
DDRA	Data Direction Register A	105
DDRB	Data Direction Register B	105
DIE	Data-In Enable	17
DMA	Direct Memory Access	58
DOE	Data-Out Enable	17
E/A	Ein/Ausgabe	-
ECA	Enable Column Address	18
ECL	Emitter Coupled Logic	-
EPROM	Erasable Programmable Read-Only Memory	30
EXOR	Exklusiv-ODER	-
ERA	Enable Row Address	18
FE	Framing Error	112
FF	Flipflop	-
FIFO	First-In-First-Out	20
FILO	First-In-Last-Out	136

FPLA	Field Programmable Logic Array	30
G	Carry Generate	37
H	(1) High (Signalpegel)	-
	(2) Half-Carry-Bit des Status-Registers	97
I	Interrupt-Mask-Bit des Status-Registers	97
IC	Integrated Circuit	-
ICE	In-Circuit Emulation	149
IDA	Input Data Available	115
IFL	Input-FIFO Loaded	115
I^2L	vergleiche /4/	-
IM	Interrupt Mask Bit des Status-Registers	75
IR	Input Ready	24
IRQ	Interrupt Request	57
L	Low (Signalpegel)	-
LAR	Lade Adressregister	46
LBR	Lade Befehlsregister	46
LI	Left In	-
LIFO	Last-In-First-Out	136
LO	Left Out	-
LSB	Least Significant Bit/Byte	-
LSI	Large Scale Integration	-
M	Mode Control	43
MB	Mittelwert Breiter Strich	187
MC	Memory Clock	17
MPL	Hoehere Programmiersprache fuer Mikroprozessor M 6800	130
MPU	Microprocessing Unit	95
MS	(1) Memory Select	-
	(2) Mittelwert Schmaler Strich	187
MSB	Most Significant Bit/Byte	-
MUX	Multiplexer	-
N	Negativ-Bit des Status-Registers	65
NMI	Non-Maskable Interrupt	100
NMOS	n-Kanal-MOS-Technik	-
OFE	Output-FIFO Empty	115
OR	Output Ready	25
ORA	Output Register A	105
ORB	Output Register B	105

Stichwortverzeichnis

Teubner Studienbücher

Informatik

Berstel: **Transductions and Context-Free Languages**
278 Seiten. DM 38,— (LAMM)

Dal Cin: **Fehlertolerante Systeme**
206 Seiten. DM 23,80 (LAMM)

Ehrig et al.: **Universal Theory of Automata**
A Categorical Approach. 240 Seiten. DM 24,80

Giloi: **Principles of Continuous System Simulation**
Analog, Digital and Hybrid Simulation in a Computer Science Perspective
172 Seiten. DM 25,80 (LAMM)

Hotz: **Informatik: Rechenanlagen**
Struktur und Entwurf. 136 Seiten. DM 17,80 (LAMM)

Kandzia/Langmaack: **Informatik: Programmierung**
234 Seiten. DM 24,80 (LAMM)

Kupka/Wilsing: **Dialogsprachen**
168 Seiten. DM 19,80 (LAMM)

Maurer: **Datenstrukturen und Programmierverfahren**
222 Seiten. DM 26,80 (LAMM)

Mehlhorn: **Effiziente Algorithmen**
240 Seiten. DM 24,80 (LAMM)

Oberschelp/Wille: **Mathematischer Einführungskurs für Informatiker**
Diskrete Strukturen. 236 Seiten. DM 22,80 (LAMM)

Paul: **Komplexitätstheorie**
247 Seiten. DM 25,80 (LAMM)

Richter: **Betriebssysteme**
Eine Einführung. 152 Seiten. DM 22,80 (LAMM)

Richter: **Logikkalküle**
232 Seiten. DM 24,80 (LAMM)

Schlageter/Stucky: **Datenbanksysteme: Konzepte und Modelle**
261 Seiten. DM 24,80 (LAMM)

Schnorr: **Rekursive Funktionen und ihre Komplexität**
191 Seiten. DM 25,80 (LAMM)

Spaniol: **Arithmetik in Rechenanlagen**
Logik und Entwurf. 208 Seiten. DM 24,80 (LAMM)

Vollmar: **Algorithmen in Zellularautomaten**
Eine Einführung. 192 Seiten. DM 21,80 (LAMM)

Wirth: **Algorithmen und Datenstrukturen**
2. Aufl. 376 Seiten. DM 28,80 (LAMM)

Wirth: **Compilerbau**
Eine Einführung. 2. Aufl. 94 Seiten. DM 16,80 (LAMM)

Wirth: **Systematisches Programmieren**
Eine Einführung. 3. Aufl. 160 Seiten. DM 22,80 (LAMM)

Preisänderungen vorbehalten